全世界最感人的生物學

用力的活，燦爛的死

稻垣榮洋——著
黃詩婷——譯

推薦序

每一種生物都值得敬畏，每一個生命都值得尊重

李曼韻

拿到初稿，看到作者大名時，驚訝的睜大眼睛，他就是著有《撼動世界歷史的14種植物》《趣味植物》等科普書的稻垣榮洋教授。雜草生態學是他的專業，而本書寫的是二十九種動物的故事。令人讚嘆的跨域，共鳴著新世代學習的主軸。

乍看書名，以為核心內容是動物的死亡，但細讀後發現，作者是以生物學中最宏觀的角度「演化與生態」側寫，視野悠遠，著墨深刻。

死亡是一個很好的話題，尤其處於當今充滿虛無與疑惑的年代。

死亡對中小學生而言似乎還遙遠而難以思考。但若放眼生活周遭，小動物的無常就是日常，死亡無所不在。例如蚊子、蟑螂、蒼蠅等經常

很快的被賜死，就別提餐桌上的魚、肉、海鮮等。我們固然不必為每一個生命的凋零哀戚，但也不能太理所當然的無感與冷漠。

作者巧妙的談起叮你的蚊子為何嗜血，描寫冒死也要交配的雄螳螂，還有少見的昆蟲母愛「蠼螋護卵」等。這些在臺灣都是常見昆蟲，可惜的是很多人已經不知道如何觀察生物了。「觀察」是科學方法的第一步驟，而生物行為、形態繽紛多樣，即使你並非科學家，但身在凡事求快速、講效率的時代，生態觀察的樂趣是很紓壓的。

生態觀察，不能匆匆一瞥。下次，有機會電死一隻蚊子時，不妨以放大鏡（或簡易手機顯微鏡）觀察蚊子的口器，那刺入你皮膚的六隻針可不是鋼針喔，在顯微鏡下你會對它的柔軟與靈活讚嘆。當然了，你也可以繼續觀察雌雄蚊的外部形態，並探究由一雙翅膀特化而來的平衡棒在演化上可能的意義。

書中另外寫到一個很好的觀察題材是人面蜘蛛。一般而言，蜘蛛是不好玩、不受歡迎，甚至是討人厭的，想扭轉偏見也需要從觀察認識著手。蜘蛛體型小不易觀察，但臺灣有兩種大蜘蛛，一是常出現在室內的白額高腳蜘（閩南語稱拉牙），牠是家中免費的克蟑高手，希望這樣會讓你對牠的印象有所改觀。其二是戶外型，也很常見的人面蜘蛛。正如作者所寫，在蜘蛛網中央非常顯眼的，都是雌蛛。而尋找雄蛛就是我的樂趣了，牠有時躲得遠遠的，經常不在家。我也是多次觀察才巧遇一雙人面和平依偎的剎那，並目睹雄蛛平安離開。在臺灣，人面蜘蛛的網上還常可見到紅腹寄居姬蛛。所謂寄居就如同房客借住，房東老大慷慨地將食物與房客分享，房客不好白吃白住，若想維持美好關係就得懂得回饋，例如，清理房間。人面與寄居姬蛛的關係大約就是這樣，是很有趣的生物行為。

書中也有一些純屬知識的描寫，但作者筆觸柔軟，不是生硬的純科學書寫，也不會過度擬人化而失去科學本質。讀著作者分析鮭魚為何要循著童年的來時路，游上萬里遠途回到故鄉繁衍，知性與感性的閱讀胃口都得到了滿足。

文中最讓我驚豔的是，直到二十世紀後半才在東非乾燥地下為人所發現的裸鼴鼠，牠是和老鼠同為齧齒目，並非是鼴鼠家族成員。牠有著「不會老化」神話般的夢幻生理機制，搭配牠一張從小就長得很老的臉，分外可愛有趣。這個母系社會帶著不少謎題，有待讀者慢慢去發掘、體會。

最讓我難過的是日本狼的絕種。令人聯想許多荒謬滅絕的「最後一隻」，如澳洲的袋狼、臺灣的雲豹、黃石公園的灰狼。人類的無知與貪婪所造成的生物滅絕是不可原諒的吧。我們可以說那是個吃不飽還沒有生態保育的年代。但看看現在，大部分人都豐衣足食，依然衍生出不同類型的環境問題，人類持續殘暴，結果就是動物的悲慘命運與大自然的失衡。第十二篇的「海龜」，寫的是人為的危害，也引發我們思考海龜在臺灣的處境。

一個環境失去了高級消費者，這個生態系便不再平衡與完整。所以美國自加拿大引進灰狼，澳洲科學家也試圖以生物工程技術「復活」袋狼，臺灣和日本當然也不斷的傳說有人「看見」雲豹、狼。

與其一直執著於已經消逝的，不如努力預防相似的悲劇發生。那就是從小扎根，培養良好的生物素養，這是教科書無法提供的情意教育內容。最好的彌補方式便是透過閱讀，特別是具高度人文關懷的科普文本，稻垣榮洋教授所著的這本書很值得推薦。

大自然是用來臣服，不是用以征服的。

每一種生物都值得敬畏，每一個生命都值得尊重。每一項從出生到死亡的存活策略都值得佩服。

這是一本溫暖人心的生命教育書，誠摯推薦給您！

（本文作者為師鐸獎得主‧《生物課好好玩》作者）

推薦序

一齣齣生物的短篇劇，體會生命的孤味

陳俊堯

追劇是稍嫌平淡的人生裡還抓得住的一大樂趣。你根據同事的劇評選定目標，連上線的瞬間把自己嵌入劇中人物的設定裡，經歷他的喜悅劫難跟天哪該怎麼辦，最後流下幾滴眼淚以好家在不是我全身而退，重新回到自己原本的生活裡。我們都愛這種能讓自己短暫換成別人身分活活看的人生小體驗，那個虛擬人生跟自己的差得越多越好。

不過戲劇提供的還是人的生活，再奇怪也還在可想像的範圍裡。如果讓你變成一隻章魚去過過深海生活，應該會更刺激吧？日劇《篤姬》裡堺雅人飾演的德川家定對宮崎葵飾演的篤姬說，如果有來世，我希望變成鳥，到沒有人的地方。這是在假借鳥的身分逃避人類的問題。如果讓你帶著人類的大腦去面對鳥的鳥問題，會是什麼樣的感覺呢？

這就是這本書有意思的地方了。它把你放進另一種生物的生活裡，讓你從人的角度來看它生活上的難題。書裡選了好多我們認識但從不會好好注意的生物，包括不同的昆蟲、魚類、海裡及陸上的動物。如果不只是看它而是去過它的生活，我會怎麼想？如果我像燈塔水母那樣不老不死，那活著對我還有同樣的意義嗎？海龜看到被人類燈光改造後的沙灘，會是什麼樣的心情呢？小雞在只看得見飼料的黑暗雞舍裡，唯一能做的事是不斷吃一直胖，那又會是什麼樣的心情？

而且這戲一上場就要面對最刺激的生和死。你要拚盡全力奪愛，像公章魚那樣斷手斷腳也不退縮，像深海鮟鱇當個徹底的小白臉來求交配，或變成雌蚊閃過巴掌用忍者刀具搞定吸血，只求有足夠養分來生小孩。你可以在上一段體驗女王蟻在蟻巢被細心服侍，下一段就遭工蟻拋棄。接著變成年老後被派外勤的蜜蜂，為族人奔波用盡最後一滴能量操勞到死。最後跟著一群大象參加葬禮，跟著它們為同伴哀傷。

蠼螋媽媽嘴角掛著笑容，慈愛地看著小孩啃食自己的身體當第一餐。少女士兵蚜蟲自殺的地與入侵者戰鬥，戰死才是她們的希望。燦爛陽光中蟻獅仍然靜靜坐著，等待上天賞賜落下的螞蟻延續自己的生命。在斑馬的世界裡沒有衰老，因為一變弱就立刻成為人家的大餐。曾經貴為神明的日本狼，也會敗下陣來從此絕跡。生物來到這世上走一遭就是用全力活著和繁衍後代，以求繼續留在演化舞台上，所以實在沒時間像人類那樣在意面子啊、地位啊，這種無關生死的小問題。

我是個生物學家。我們這種學一輩子生物的人，說起來都有點怪怪的。電影裡最帥的那段我們會出戲說這裡亂拍啦，根本不會這樣，哪有可能這樣啦做得到就諾貝爾獎了。就連生命最大關卡的生死問題，也就自動轉換成對族群數量的加與減，生存策略的成與敗，構造設計的劣與優。我常想或許這是對我們這種人的獎賞，對生死比較容易看淡，因為已經接受那是個必然要發生的事。

這本書出自農學博士之手。內容自然是專家自己把關的正確生物知識，但我想這書不該被當課本讀，把它當劇看更適合。而且它是即食版短篇單集劇，搭捷運等領餐的空檔就能讀完，讓你這站當龍下站當蟲。這也是本教人放下的書，放下很難，不然《孤味》怎麼賣得這麼好。書裡主角的生活都好難，人家那些生死場面都一聲不吭的挺過去，你還在糾結什麼呢？

（本文作者為金鼎獎作家・生命科學系老師）

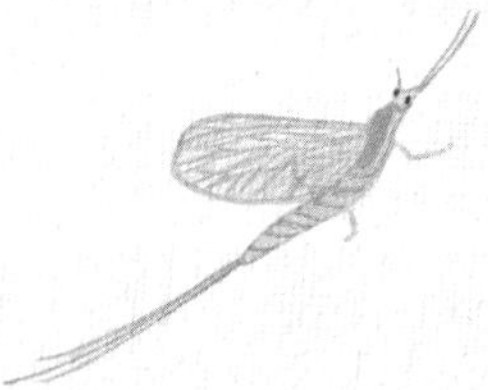

目錄

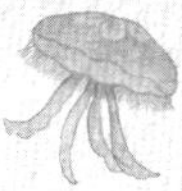
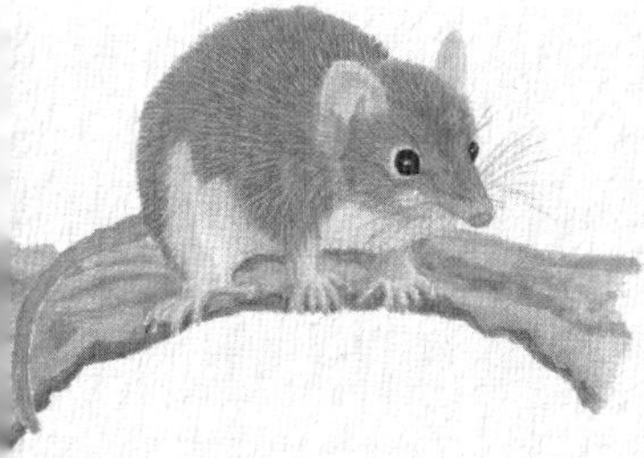

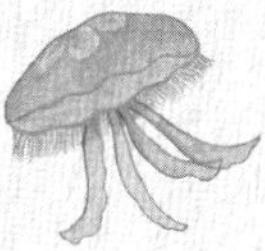
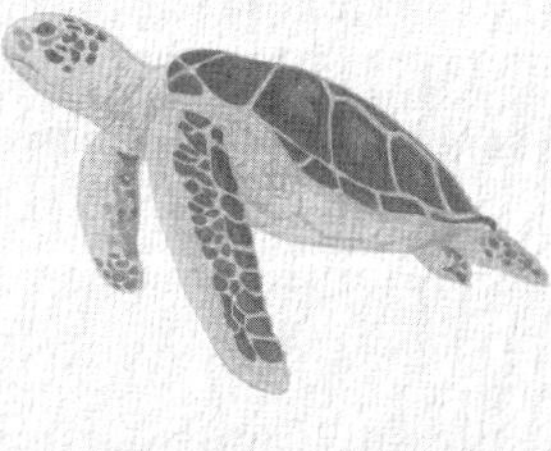

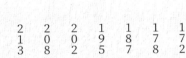

1 地下蟄潛七年破土而出，生命的最後盡頭卻無法窺見天空

——蟬

蟬兒的屍體，就落在路邊。

蟬一定是面朝上而亡的。昆蟲一旦僵硬以後，腳就會蜷縮起來導致關節彎曲。因此牠們無法將自己的身體支撐在地面上，便會翻了過來。

有時候以為牠們已經死了而試著戳戳牠們，有些卻會猛然振翅試圖飛起，甚至還會擠出全身上下最後的力量，發出「唧唧唧……」的聲音，抖著身子擠出一絲短鳴。

牠們並不是在裝死，只不過是已經沒有爬起來的力量，死亡已近在

眼前。

仰躺著等待死亡的蟬。

牠們究竟在想些什麼呢？眼中看見了些什麼呢？

是那晴朗無雲的天空嗎？又或者是夏日將盡時天際的積雨雲呢？又或者是從樹葉之間流洩而下的陽光？

雖說牠們是仰躺，但其實蟬的眼睛位於身體背上那一面，因此不可能看著天空。昆蟲的眼睛是由小小的眾多眼睛聚集而成的複眼，雖然能夠看到極為寬廣的範圍，但一旦身體仰躺，牠們的視線範圍大部分都會朝向地面。

不過對牠們來說，那地面正是自己度過年幼時期的懷舊之處。

經常有人說：「蟬是非常短命的。」

蟬雖然是近在人類身邊的昆蟲，但其生態卻極為不明確。據說牠們在長為成蟲以後的生命大約有一週左右，但最近的研究顯示也可能是數星期到一個月左右不等。

話雖如此，仍是只有一個夏季之短的性命。

不過短命是指牠們成為成蟲以後的事情。蟬在長為成蟲以前，會在土壤當中度過好幾年。

昆蟲一般都是非常短命的。同為昆蟲的夥伴們大多壽命非常短暫，在一年當中就會經歷出生、死亡，反覆好幾個世代。就算是壽命長一些的，從蟲卵孵化起成為幼蟲、長為成蟲到結束天命，也幾乎都不滿一年。

在這些昆蟲當中，只有蟬會活好幾年，其實牠們是非常長生的動物。

一般認為蟬的幼蟲會在土壤當中生活七年。這樣一來，若是幼稚園孩童抓到一隻蟬，那隻蟬的年紀可是比那孩子還要大呢！

不過，蟬究竟在土壤當中生活幾年，其實目前並不清楚。再怎麼說要觀察土壤中實際狀況並不容易，如果牠們生活七年的話，那麼就必須從一個孩子出生以後，持續觀察直到孩子進入小學就讀那麼久的時間才行，因此無法簡單進行此一研究。牠們在土壤當中的生態，還留有許多謎團。

話說回來，大多數昆蟲都非常短命，為何只有蟬需要花好幾年才能成為成蟲，而且都在土壤中過日子？

蟬的幼蟲期間非常漫長，是有其道理的。

在植物當中有用來將根部吸上來的水分運送到植物整體的導管，以及將葉片製造的養分送到整株植物的篩管。

蟬的幼蟲會從植物的導管吸取汁液。導管當中含有大量根部吸取的水分，卻只有非常少量的營養，因此蟬的成長非常耗費時間。

另一方面，活動量大、必須留下子孫的成蟲，為了有效補給營養，會吸取植物的篩管液。但是篩管液當中也含有大量水分，若是要充分汲取營養就必須大量吸吮，之後再將多餘的水分以尿液的形式排出體外。

將捕蟬網靠近牠們的時候，蟬兒由於連忙飛起，在挪動翅膀肌肉的時候就會壓出體內的尿液。這就是為何捕蟬的時候，經常都會被蟬的尿液噴到臉上。

蟬兒就像是為了禮讚夏日而現身，但我們在地面上看見的成蟲姿態，對於度過了漫長幼蟲期的蟬來說，只是為了要留下牠們的下一代，才以如此樣貌現身。

雄蟬會非常大聲地鳴叫，把雌蟬叫來自己身邊。牠們若順利成為伴侶，交配以後雌蟬就會產卵。

這就是蟬的成蟲身上背負的唯一使命。

繁殖行動結束以後，就沒有生存意義了。蟬的身體被設定為繁殖行動結束以後，就要迎接死亡。

若連抓住樹木的力量都失去了，蟬就會掉落到地面。對於失去飛翔力氣的蟬來說，就只能仰躺在地面上。連最後一丁點力氣都沒有之後，就動彈不得了。

而牠的生命也將靜靜地告終。在瀕死之際，蟬的複眼究竟看著什麼樣的風景呢？

曾經那樣嘈雜的蟬鳴大合唱，聲音越來越小，不知何時已一片寂靜、再也沒聽見蟬鳴。
猛然放眼望去才發現周遭都是仰躺著的蟬兒，夏天已經結束。
而季節正步入秋日。

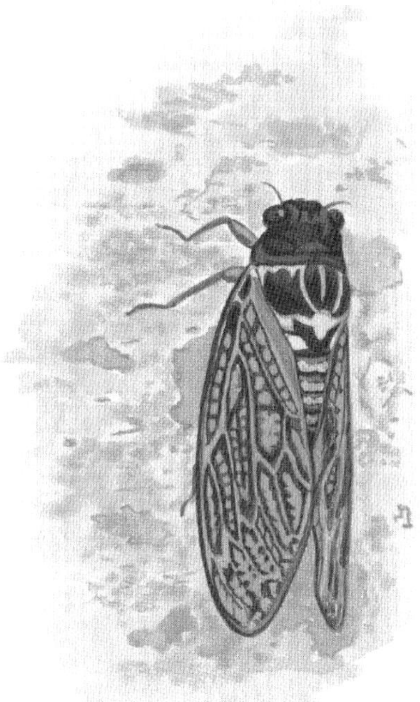

2 昆蟲中少有的母性光輝，將自己從頭到尾奉獻給孩子——蠼螋

不經意將石子翻了過來，便看見蠼螋（ㄐㄩㄝˊ ㄙㄡ）揮舞著尾鉗試圖恫嚇敵人。

蠼螋亦稱為剪刀蟲，特徵就是尾巴像是大大的剪刀。

回顧昆蟲的歷史，會發現蠼螋是在頗早的階段就已經出現的原始種類。

蟑螂也是被稱為「活化石」等級的原始昆蟲代表，而蟑螂身上也有

兩條長長伸出的尾毛，這種尾毛是原始昆蟲身上很常見的特徵。

一般認為蠼螋的尾鉗就是從這兩條尾毛進化而成。就像是蠍子會揮舞毒針一樣，蠼螋會藉由揮舞尾巴那把大剪刀來防禦敵人的攻擊。另外，如果牠們找到鼠婦或者麵包蟲等獵物的話，也會用大剪刀來止住獵物活動，然後大快朵頤。

將石子翻過來的時候，藏身其下的蠼螋會因為世界忽然大放光明而感到驚嚇，連忙落荒而逃。

不過還是會有例外。有些蠼螋並不會逃走，而是留在原地不動。看來牠們並不單純躲在那兒呢！證據就是這隻蠼螋正勇敢地揮舞牠的大剪刀，試圖威嚇人類。

翻動石子時會以大剪刀威嚇人類的蠼螋，究竟是什麼樣的傢伙呢？

仔細一看，會發現那些蠼螋的身邊，有剛剛才產下的蟲卵們。

不試著逃跑而留在原地的蠼螋，是這些蟲卵的母親。身為母親的母螻蜱，為了保護重要的蟲卵們，牠們絕對不會逃走，而是留在原地揮舞著大剪刀。

在多數昆蟲當中，會育兒的種類非常稀少。

昆蟲在自然界裡是極為脆弱的。有許多生物會以昆蟲為餌食，比方說青蛙、蜥蜴類的生物、鳥類以及哺乳類等。這些昆蟲的父母即使打算守護孩子，通常也只會連同自己一起被吃掉。這樣一來實在得不償失，因此大多數昆蟲都會放棄保護孩子，產下蟲卵以後也無法再為孩子多做些什麼。

即使如此，還是有昆蟲會試著養孩子。舉例來說，身為小魚及青蛙餌食的肉食水棲昆蟲——大田鱉，就會養育孩子。還有蠍子雖然不是昆蟲，但牠們身上具備有毒針這種強悍武器，也是會養育孩子的生物。另外有些以昆蟲為餌食的蜘蛛類生物也會養育孩子。

在環境嚴峻的自然界當中，一種生物要執行守護養育孩子的「育兒」行為，就必須具備能夠守護孩子的強悍能力，這是這類生物的特徵。

雖然不像蠍子的毒針那樣強悍，但蠼螋也有「尾鉗」這種武器。因此蠼螋的母親選擇了保護蟲卵的生活方式。

蟲類的育兒當中，有些是母親守護蟲卵，也有些是父親守護蟲卵。蠍子和蜘蛛是由母親保護孩子，而大田鱉則是由父親來守護牠們。

守護蠼螋蟲卵的是牠們的母親。蠼螋母親在產卵的時候，父親已經不知去向。孩子連父親一面都沒見過，這在自然界是非常理所當然的事情。

蠼螋的成蟲會在度過冬季以後，於冬末春初開始產卵。

在石子底下的蠼螋母親，會將身體覆蓋在蟲卵上來保護孩子們。同時為了避免蟲卵發霉，還會一個一個仔仔細細地舔乾淨，為了讓大家都能有新鮮空氣而偶爾動一動蟲卵的位置等，非常細心的呵護蟲卵。

在照顧蟲卵的同時，母親不曾離開蟲卵們的身邊一步，當然母親也不可能有時間吃東西。牠們不去獵捕食物、就這樣不吃不喝的一直照顧著蟲卵。

蠼螋的孵化時間，在昆蟲當中又是特別長的，要花四十天以上。在人類的觀察當中，最長甚至還有蟲卵八十天才孵化出來的情況。在這段時間之內，蠼螋母親一分一秒都不會離開蟲卵，一直都守護著牠的孩子們。

等到蟲卵終於孵化的那天，心心念念的愛子們終於誕生了。

但是母親的工作尚未結束，蠼螋的母親還有一個非常重要的儀式要進行。

蠼螋是肉食性，牠們會吃更小型的昆蟲。但是剛孵化的小小幼蟲沒辦法獵到食物，幼蟲們會餓著肚子，像是撒嬌一般往母親的身邊聚集。

這就是儀式的第一步驟。

究竟儀式的內容是什麼呢？

這實在沒道理，孩子們竟然開始吃起了母親的身體。

而被孩子們侵襲的母親，看來完全沒有要逃走的意思，反而彷彿一臉慈愛的樣貌，露出了肚子柔軟的部分。母親是否是刻意將腹部露出這點，我們並不是很肯定。但是在觀察當中，蠼螋經常會做出這樣的行為。

這是怎麼一回事呢？其實蠼螋的母親，為了牠珍愛的寶寶們，自己獻出了身體。

不知孩子們是否能了解母親的心思呢？蠼螋寶寶們爭先恐後地享用著母親的身體。

說起來這的確是很殘酷，但若不給幼小的寶寶們吃點什麼，孩子們肯定就要餓死了。身為一個母親，這樣一來先前耗費那樣的心力保護蟲卵就失去意義了。

母親不曾挪動身子，只是默默的看著孩子們啃食自己的身體。即使如此，若是拿起石子，牠們仍會擠出全身上下最後一點力氣，揮舞著大剪刀，這就是蠼螋的母親。

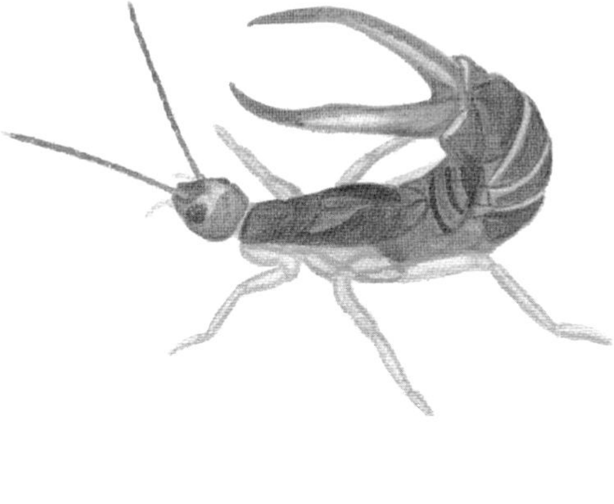

母親會慢慢地、慢慢地失去自己的身體。但那些失去的部分，都會成為孩子們的血肉。

在逐漸縹緲的意識當中，她在想什麼呢？她是懷抱著什麼樣的心思結束自己性命的呢？

養育孩子這件事情，是具備守護孩子強悍力量的生物才能擁有的特權。而在大量昆蟲當中，蠼螋是擁有這個特權的幸福生物。

蠼螋是否被這種幸福感包圍著結束一生呢？

孩子們啃食完母親以後，季節也來到春季。而那些長大的孩子們就會從石頭底下爬出去，踏上牠們各自的旅程。

母親的遺骸則留在石頭下。

（註：「蠼螋」（ㄐㄩˊ ㄙㄡ）通「蠷螋」（ㄑㄩˊ ㄙㄡ）。）

3

返鄉贈與孩子最後的禮物，在大河之母中循環的生命

——鮭魚

鮭魚據說會回到牠們出生長大的那條河流。

對於牠們來說，那應該是非常、非常漫長的旅途。

鮭魚的幼魚出生在河流當中之後就會沿著河流而下，一路旅行到外海去。在日本的河流當中出生的鮭魚，會經過鄂霍次克海往白令海前進，然後繼續牠們的旅程前往阿拉斯加灣。

在茫茫大海當中移動生活的鮭魚，生態並非完全明朗化，充滿了謎

團。但是在河川當中溯溪而上的鮭魚大多是四歲左右，因此推測鮭魚們會在海裡生活個幾年。而這些已經成長為成熟大人的鮭魚們，便踏上最後的旅程，回到牠們的出生之地。

自故鄉河流踏上旅程，最後又回到故鄉，這段旅程據說長達一萬六千公里。這個距離幾乎接近地球圓周的一半。這趟旅途想必充滿危險而又驚險吧？

話說回來……鮭魚們為何會試著回到故鄉的河流呢？

人類在年長以後，也會懷念起故鄉。鮭魚們是否在某個時間點會想起故鄉呢？

當然鮭魚們回到故鄉是有理由的，牠們會逆流而上回到故鄉的河流產卵。牠們的宿命就是為世上帶來新生命以後，自己便消逝而去。

對於鮭魚們來說，出發前往故鄉，就是踏上前往死亡的旅程。

牠們是否知道旅途的終點為何呢？如果明知結果，又是什麼因素讓牠們走向那充滿危險的旅途？

對於鮭魚們來說，留下後代是非常重要的工作。但就算不回到故鄉的河流產卵，應該也沒什麼關係吧？

為什麼一定要歷經如此艱險的旅程，回到故鄉那條河流呢？還有，是自何時起，鮭魚們就是這樣度過牠們的一生呢？非常遺憾，這些事情我們都不明白。

回顧生物的進化過程，從前所有的魚類都居住在海洋當中。之後魚類進化為非常多不同的種類，海洋成為一個吃與被吃者同居的嚴苛弱肉強食世界。為了要從獵捕者口中逃走，身為被吃者的弱小魚類，有一部分從原先易居的海洋逃離，前往對於魚類來說是陌生環境的河口。

河口是有著海水與淡水混合的汽水域。對於已經習慣了海水鹽分濃度的魚類來說，那兒可是會丟了小命的危險場所。即使如此，受到迫害而沒有競爭力的魚兒們，還是只能住在那裡。

不過到頭來，獵捕者也為了追捕食物而開始適應汽水域的環境、來侵害那些魚兒。結果弱小的魚類為了逃命，只好前往鹽分濃度更低的河流，找到牠們的棲息地。一般認為現在居住在河流與湖泊的淡水魚，就是那些弱小魚類的後代子孫。

但是，在這些淡水魚當中，卻有些魚類選擇重新面對廣闊海洋。鮭魚以及鱒魚等鮭科的魚類都是屬於這種情況。

鮭魚及鱒魚等鮭科的魚類，分布在寒冷地區的河流當中。這類水溫低的河流當中並沒有足夠的食物，因此很可能有一部分鮭科魚類為了找尋食物，而再次前往海洋。在食物豐富的大海當中長大，終於成長為能夠產下非常多卵的巨大身體。

既是如此，為何那些鮭科的魚兒們，明明已經前往食物豐富的大海，在要產卵的時候卻又溯溪而上呢？

海中的天敵非常多、是充滿各種危險的場所，這個事實到了現代也毫無動搖的餘地。對於進化之後的鮭魚們來說，海洋仍是危險的場所。

雖然可以產下非常多卵，但將毫無防禦能力的卵灑在大海裡，重要的卵恐怕只會成為其他魚類的餌食。因此鮭魚為了提高魚卵的生存率，不顧自己的安危也要回到河川裡。

鮭魚們踏上以大河之母為終點的死亡之旅。

話說回來，故鄉的河流十萬八千里遠，牠們到底怎麼能夠不迷路就抵達呢？據說鮭魚們能夠憑藉水的味道就知道故鄉的河流位置，但怎麼有辦法靠那點訊息就知道呢？真的非常不可思議。

在漫長又危險的旅途最後，就算已經找到了那令人懷念的河流，也還無法安下心來。

雖說是故鄉河川，但對於在海水中長大的鮭魚們來說，鹽分很低的河水其實是非常危險的。因此鮭魚們為了要讓自己的身體習慣河水，必須在河口生活一陣子才行。

這個時候，鮭魚的樣子會慢慢發生變化。牠們的身體會變得美麗有光澤、還會浮現出紅色的線條。就像是為了慶祝成年而舉辦的儀式當中，年輕人會穿上色彩鮮豔的民族服裝一般。

公魚們的背部會隆起彷彿健壯的肌肉；下顎會彎曲，變得十分有男

子氣概。眼下就要走上回到故鄉河流的最後一段旅程，那銳利的目光看來充滿自信。母魚們身體則帶著美麗的圓潤感，有著令人眩目的魅力。這些鮭魚都已成長得非常出色，與牠們沿著河流而下的幼魚時期彷若兩魚。

要看到做好所有準備的鮭魚溯溪而上的景色，大約是秋末冬初的時候。

鮭魚們終於一同往河流上游前進。雖然要踏上旅程前往令人懷念的故鄉，但已經遠離自己長久居住的海洋，朝著故鄉而去的鮭魚們，遭受到毫不留情的困難襲擊。

河口有等著鮭魚逆流而上的漁夫們張著網。若是被捕到了，那就沒戲唱了。

好不容易才通過魚網這一關，眼前又有熊掌拍進了河流。在抵達終點以前就喪命的鮭魚多不勝數。

但還不只這些困難。

河流與海洋是相連的，照道理說只要逆流應該就能夠回到河流上游，但這是以前的情況。

現在人類為了調節河川流量、避免土石崩流而蓋了堤防；為了確保水資源而建造水壩等，河流上到處都有這類人工建築，阻擋了鮭魚的旅途路線。

被巨大建築物所阻的鮭魚們會努力嘗試跳躍過去。不管失敗了幾次、不管遭受幾次挫敗，牠們也不會放棄挑戰。如果這是祖先們克服的大自然瀑布，祖先們一定也是這樣穿越瀑布而去的吧。但是在鮭魚們面前的，是祖先們未曾體驗到的巨大水泥牆壁。

大多數鮭魚都無法跨越這道牆壁，在見不到故鄉最後一眼前就力盡身亡。

最近有些地方為那些會溯溪而上的魚兒們設立名為「魚道」的通道，但拚了老命的鮭魚們怎麼可能知道有那種東西。只有一部分恰巧路過了魚道的魚兒，會走那條路溯溪而上，據說使用魚道的魚兒並沒有人類想的那麼多。大多數鮭魚都不會發現魚道的存在，在半路就結束了牠們的旅程。

接近上游以後，河流會變得很淺，那高低起伏的河底石子也會阻礙牠們前進。即使如此，鮭魚們還是會左右扭著身子、拚命的往更上游前進。此時的牠們與其說是在游泳，其實看起來更像是痛苦的扭動。那美麗的鮭魚身軀遍體鱗傷、魚鰭和魚尾都破破爛爛。即使如此，牠們還是慢慢地、切切實實地往上游而去。

是什麼讓牠們一定要來到此地呢？

抵達河流上游，留下卵的鮭魚們，只能迎接自己的死亡。

牠們知道自己在旅途終點只能等死嗎？

鮭魚們從河口進入河流以後，幾乎就無法獲得餌食了。對於將海洋作為居所的牠們來說，畢竟河裡應該沒有適合牠們享用的食物。但是牠們不管有多餓、有多累，也只會朝著上游邁進，不斷逆流而上。就像是擔心時間不夠用而與剩餘的時間纏鬥著，牠們只是拚命一路朝上游而去。

就像是牠們其實知道死期將近，所以對其他事物不屑一顧，只管朝上前進。

鮭魚們朝著河流與死亡前進。而那逆流而上的力量，正是牠們生命的力量。

然後……應該說終於吧，牠們來到了故鄉河流的上游。迎接牠們的是懷念許久的河川味道。

鮭魚們會在此地選擇所愛的伴侶，產下魚卵。牠們就是為了這個瞬間、為了這個時候，才走完這段漫長而艱苦的旅程。

鮭魚的母魚會挖掘河底、產下卵子，之後公魚會將精子噴灑於其上。然後母魚會在公魚的保護之下，以尾鰭輕輕地將砂礫蓋在魚卵上，做成卵床。

鮭魚的身體設計是繁殖行動結束以後就會死亡。在一開始進行繁殖行為以後，公鮭魚的身體就會開始死亡倒數，不過牠們在還有一口氣的時候，就會繼續尋找下一條母鮭魚，只要自己還有一點體力就繼續進行繁殖活動，公鮭魚就是這樣拚到最後一刻。

產完卵的母鮭魚會花一段時間趴在魚卵上、保護著自己的卵，但牠在沒多久以後也會精疲力盡而亡。

這不僅僅是因為艱辛的旅程消耗掉大部分體力，也不是因為完成重大工作而安下心來才全身放鬆。

這是由於母鮭魚的身體也被設計為繁殖行動結束後就會迎接死亡。

因此安然結束繁殖活動以後，牠們就像是知道自己的命運，會靜靜地躺在一旁。

據說人類在瀕死之時，出生以來的所有事情會如同跑馬燈一般映現在腦中。鮭魚們又是如何呢？牠們腦中浮現的回憶是什麼呢？

牠們很痛苦、又很滿足地躺在一旁。已經完全沒有力氣支撐住身體，剩下還能辦到的就是張闔著嘴巴罷了。

牠們靜靜地接受死亡。身處在故鄉河流的味道當中，結束了自己的一生。

涓涓細流溫和的撫過接二連三斷氣的鮭魚們。

這細小河流的水會與其他支流聚集在一起成為大河流，而這水流又與那廣大的汪洋相連。

季節流轉，到了春天以後那些被產下的卵也孵化了，小小的幼魚們一隻隻現身了。

河川上流並沒有大魚，所以對孩子們來說是非常令父母安心的地方。不過在水流起源之地的上流，水中營養很少、也沒有能夠給孩子們做為食物的浮游生物。

自然是有但書的。

據說鮭魚產卵的場所，非常不可思議地總會湧現許多浮游生物。斷了氣的鮭魚們的身子，會成為非常多生物的食物。由於各種生物的運作，分解的有機物質就會成為餌食，因此引來許多浮游生物。這些浮游生物就是弱小的幼魚們最初的食物，就像是父母親留給孩子的最後一份禮物。

之後鮭魚的孩子們在某一天也將順著河流而下。在海中成長的牠們，終有一天也會想起這條故鄉的河流，踏上回鄉的旅程吧。

牠們的父親、父親的父親，母親以及母親的母親，也都曾經走過這段旅程。孩子們的孩子、以及再下一代，肯定也都會繼承這段路線吧。

鮭魚的生命便是如此生生循環。

但是在現代，鮭魚們要面臨的現實真的非常嚴苛。

由於河堤、水壩的阻礙，大多河流上游並沒有與海洋相連。而且人類還很喜歡吃鮭魚，母鮭魚肚裡的鮭魚卵也是人類很愛吃的東西。

因此，幾乎大部分鮭魚都會在河口就被人類一網打盡。當然，為了避免鮭魚全部被吃完而絕種、為了保護鮭魚，會將魚卵從牠們的肚中取出、進行人工孵化，以此方法出生的幼魚會再被放流至河川當中。

鮭魚的生命是自我循環的。

但對牠們來說，不管是要靠自己的力量產卵，或者是死在故鄉的河流當中，都已經是遙不可及的夢想。

4 最強的特務媽媽，拚死執行入侵及逃脫的艱鉅任務

——尖音家蚊

她被賦予的任務內容如下。

首先突破層層疊疊的防禦網，侵入敵人那隱密居所的內部。然後要在敵人沒有發現的情況下，奪取巨大敵人體內的目標物品。當然，這樣還沒結束。她必須漂亮的再穿過那些防禦網逃脫，然後安然無事回來才行。

如果完成如此艱困任務的女性是一位電影主角，那麼這肯定是一齣不輸給好萊塢電影的大作。

這位女主角，就是跑來吸取我們血液的母蚊子。

蚊子只有母的才會吸血。

不管是公蚊子還是母蚊子，平常都是吸取花蜜或者植物的汁液過活。其實牠們是非常溫和的動物。

但在某個時候，母蚊子會忽然成為吸血鬼。

母蚊子為了要給予卵養分，必須要有蛋白質，但從植物的汁液當中無法獲得足夠的蛋白質。為此，牠們必須要吸取動物或人類的血液。那看似可恨的吸血鬼，真正的面貌是為了自己孩子而賭上性命、拚死要完成任務的母親。

那麼公蚊子又是如何呢？

對於不需要產卵的公蚊子來說，牠們不必冒著風險吸取人類或動物的血液。

在房子外面，會有無數的公蚊子聚集在一起飛行，形成所謂的蚊柱。公蚊子會以整個集團發出振翅聲，呼喚母蚊子前來，發現蚊柱的母蚊子就會進去選擇牠的伴侶，然後進行交尾。在交尾結束以後，母蚊子就會抱著必死的決心朝著人類的家門而去。

蚊子的一生非常短暫。

不管是老舊水桶或者空罐，只要裡面積了一灘水，蚊子就能產卵。被母蚊子產在水面上的卵，在幾天後孵化，只要一到兩週的短短時間內就會長為成蟲。在那少許積水乾掉以前，蚊子就能夠起飛離開了。

然後母蚊子又會去吸血、產卵。重複進行這些事情，蚊子成蟲運氣好的話可以活大概一個月左右。

蚊子在一年間，便以如此短的循環時間更新了好幾個世代。

處於我們周遭的蚊子，主要是茶褐色的尖音家蚊和有著黑白圖樣的白線斑蚊。白線斑蚊由於經常藏身於庭院的草叢當中，因此在日本又稱為「草叢蚊」。另一方面，尖音家蚊則如其「家蚊」之名，會勇敢而堅決地侵入家中。

吸取人類血液的蚊子，感覺實在是種令人討厭的害蟲，但大家是否能試著體會一下蚊子的心情呢？而且還要站在那些是為了自己孩子，而抱持著必死決心侵入人類房屋的蚊子立場。

首先，要侵入人類的房子，實在是困難至極。以往的房子經常門戶大開，但現代的房子密閉性高、入侵路線非常少，大概就是想辦法鑽過紗門紗窗，或者是在人類開關門窗的同時入侵吧。

就算是好不容易侵入了房子，還有許多蚊香、驅蟲劑等等陷阱等著牠們。對於人類來說這些東西實在沒什麼，但對小小的蚊子來說，那些可是會奪走牠們性命的強烈毒氣。

好不容易抵達房間，接下來才辛苦呢。

首先得要找到目標物的人類才行。蚊子可以根據人類的體溫以及呼吸來感受到人類的存在，接下來就是重要工作了。

人類要是正好在打瞌睡也就罷了，要是沒在睡覺，那就得在不被發現的情況下接近人類。要是在飛行的時候被發現了，人類兩手一拍夾住了牠，那就沒戲唱了。

等到好不容易停留在人類的肌膚上，接下來就得要吸血了。當然，這個工作必須在完全無人察覺的情況下完成，否則就會沒命。

蚊子為了吸血已經大為進化，即使如此，吸血仍舊不是什麼簡單的工作。

光是停留在肌膚上就已經相當危險了，接下來還得用針刺進肌膚裡才行。當然，還有完全沒有地方能夠隱藏牠們自己。

一隻蚊子好不容易落腳在目標的肌膚上，要在不被發現的情況下，把牠那宛如針頭一般的嘴巴插進目標。一般人都認為蚊子的嘴巴看起來像是一支針，但其實當中包覆了六支針。

她最先使用的是六支針當中的兩支。這兩支針的前端有著像是小鋸子那樣尖銳三角的刀鋒。以前忍者侵入建築物的時候，會使用一種叫作

「錣」的小型鋸子，差不多就是那種感覺吧。這麼說來，在忍者的世界當中其實也有名為「Kunoichi」的女忍者（譯注：由漢字「女」字形拆解後的日文發音組成：くku，ノno，一ichi）。

她們會用那兩支帶針的刀子，像手術刀一樣劃開人類的肌膚。當然，得要不被發現才行。

另外兩支針則是用來將肌膚固定在張開狀態的。在人類的外科手術當中，會使用專用的「開創器」來固定開口，大概就是那種感覺。

剩下的兩支針自然就是用來插入打開的傷口之中了。

當中有一支是用來吸血的，不過另一支其實會把牠的唾液注入血管當中。牠的唾液當中含有麻醉成分，這讓人難以感受到肌膚被切開的疼痛。除此之外，麻醉成分當中還含有防止血液凝固的功效。

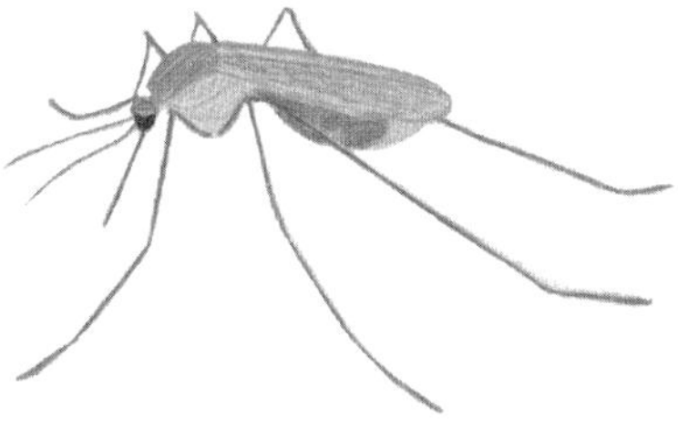

如果沒有注入這些唾液，血液就會在蚊子的體中凝固，那麼蚊子在吸血以後就會死亡。

這的確是賭上性命的任務。

吸血這個工作，不管做得有多麼快速，還是得要花費兩到三分鐘。對於母蚊子來說，應該覺得這段時間無比漫長吧。

這大概就有點像是從前的小偷，在住戶沒察覺的情況下侵入，正在旋轉著保險箱大鎖時的心情。若是以間諜電影來比喻，那麼就像是侵入敵人基地以後，登入了電腦主機正要竊取檔案那樣的驚險吧。

千萬別被發現……好，再一下……就快好了。

就算好不容易吸完了血，任務也還沒結束，接下來才是真正累人的。

蚊子的幼蟲孑孓必須在水中生活，因此母蚊子必須要將卵產在水上。而且自來水那種乾淨的水當中，並沒有養育孑孓所需要的營養成分。得要是當中富含有機物的汙水，才會湧上大量能成為孑孓食物的浮游生物。

母蚊子會自己吸水確認那是不是適合孑孓們成長的水質，然後產卵。但人類乾淨的家中並沒有那種地方。為了要產卵，牠們必須再離開人類的房子。

身為這個故事主角的她，看來是平安吸完血液了。

但現在才剛要邁入故事後半段。她能夠漂亮地成功逃脫，完成接下來對於生物來說最重要的任務——產卵這件事情嗎？

再怎麼說，侵入房子是非常困難的，但要脫離這棟房子卻是更加艱辛。

侵入房子的時候，也許是偶然找到了紗窗的空隙，但要再次抵達同一個空隙的機率卻接近零。這樣一來，就只能找個新的出口才行。

當然，現代的房子有著極高的密閉性，實在不可能如此簡單就找到可以脫離此處的地方。

不僅如此。

蚊子的體重大約是二到三毫克，不過牠們吸了血以後就會變成五到七毫克。懷抱著沉重的血液搖搖晃晃的飛行，還得在沒被人類打到的情況下離開。

這實在是困難無比的任務。體中塞了滿滿血液的她，抱著沉重的身軀再次翱翔於空中。但是身體搖搖晃晃，實在很不安穩，沒辦法好好飛行。

即使如此，她還是拚了命地拍動翅膀。

絕對不能在這裡就放棄了。她的肚子裡有新生命，一定得找到出口才行……哪裡有出口呢？

就在這個時候。

她感受到微微的空氣流動，說不定是有哪扇窗子打開了。如果這是電影的一幕，她也許還會稍稍露出安心的笑容呢。

但這一瞬間的喜悅，是否讓她掉以輕心了呢？

「啪！」

那是足以撕裂空氣的響聲。

某個人看見蹌踉飛行的蚊子，用力拍了下去。

那人的手掌上黏了片大紅色的血液。

「唔噁！手上沾到血了。」

人類粗暴地用衛生紙擦去她那破碎的軀體，丟進了垃圾桶。

傍晚時分。

外頭的樹蔭下出現了蚊柱。

這就只是個普通的黃昏時刻。

5 生命短暫又飄渺，卻是串連三億年種族延續的戰士

——蜉蝣

形容人的一生短暫而飄渺，常被比喻為朝生暮死的「蜉蝣」。

蜉蝣是外型與蜻蜓十分相像的昆蟲，但無法像昆蟲那樣颯爽飛翔。牠們飛翔的力道很弱，就像是隨風起舞那樣在空中飄蕩。

空氣左右搖擺呈現波浪的樣貌，稱之為「下蜃景」，在日文中稱為陽炎（kagerou）。蜉蝣在日文當中的發音也是kagerou，據說就是由於牠們就像下蜃景一樣虛無飄渺，而有這樣的命名。也有一說認為，牠們那輕飄飄飛翔的樣子，看起來就像是下蜃景。

無論如何，牠們都給人是種非常虛弱的蟲子印象。

另外，如此虛弱的蟲子，在長為成蟲以後，一天就會死去，因此成為「苦短生命」的象徵，在日文當中有「蜉蝣之命」的說法。

即使不是日本，世界各地對這種蟲子的印象似乎也都十分接近。

蜉蝣目的學名「Ephemeroptera」有「一天」和「翅膀」的雙重意思，這是以拉丁文所創造出來的詞語。

郵票及明信片等拋棄式的印刷品被稱為「ephemera」，這個字的由來也是拉丁文中的「一天」，也帶著些許「彷彿蜉蝣般短暫」的語感。

如前所述，蜉蝣是苦短性命的象徵。雖然說蜉蝣成蟲一天就會死亡，但其實只有幾個小時而已，實在是短暫又飄渺的生命。

但真是如此嗎？

其實蜉蝣在昆蟲的世界當中，絕對不是屬於短命種族。甚至可說牠們是相當長壽了。

確實蜉蝣在長為成蟲以後，幾個小時就會死去。這和所謂的「蜉蝣之命」給人的印象相同，是很短暫的性命。

但那單純指成蟲時期。

蜉蝣的幼蟲時代會活過好幾個年頭。正確的幼蟲期間並不明確，但一般認為有兩、三年。牠們和蟬一樣，身為幼蟲的時期很長。

大多數昆蟲從卵長大到成蟲階段，然後死亡為止，多半是幾個月到一年之內。相較之下，蜉蝣的壽命可說是長了好幾倍。

我們瞧見的蜉蝣成蟲，對於蜉蝣來說不過是死前短暫的姿態罷了。

蜉蝣的幼蟲棲息在河川當中。由於牠們會居住在具流動性的河流等處，因此經常被用來作為溪釣用的魚餌。

在花費數年成長以後，牠們會在夏末秋初羽化、飛向天空。

但是蜉蝣與其他昆蟲有個極為不同之處。

一般昆蟲在幼蟲羽化以後就會成為有翅膀的成蟲，但蜉蝣卻不是這樣，牠們就算自幼蟲羽化結束，也還不是成蟲。

蜉蝣羽化以後成為所謂的「亞成蟲」，是在成蟲前一個階段的樣貌。這些亞成蟲有翅膀，會在空中飛行。但亞成蟲畢竟只是亞成蟲，並非成蟲。蜉蝣會以亞成蟲的姿態移動，之後再次脫皮，最後才會成為成蟲。

牠們的生態看起來非常奇妙，但其實蜉蝣在昆蟲的進化過程當中，是屬於比較原始的類型。昆蟲進化過程的古老生活史，到現在仍殘留在大自然中。以那些進化完成的昆蟲常識看來，蜉蝣的生態實在非常奇怪，但其實蜉蝣的生活史才是昆蟲原先的樣貌。

昆蟲的進化充滿了謎題。

再怎麼說，當我們的祖先還只是有著鰭的魚類，好不容易才進化成有腳的兩棲生物，正嘗試要前進到陸地上的那段時期，蜉蝣的夥伴們就已經長出翅膀，和現在一樣在空中振翅了。

地球最初誕生的昆蟲可能是沒有翅膀的，但目前推測蜉蝣應該是首先發展出翅膀、在空中飛行的昆蟲。

在那之後過了三億年。蜉蝣仍然維持著當年的姿態，實在非常厲害。蜉蝣是一種活化石。在生存者勝利的進化生存遊戲當中，蜉蝣可是最強的生物之一。

話說回來，為何蜉蝣在這三億年之間，都能夠從嚴苛的生活環境當中存活下來呢？

牠們的秘密就在於那「飄渺的生命」。

對於蜉蝣來說，「成蟲」這個階段，只不過是為了留下子孫。

長為成蟲的蜉蝣並不會獵取餌食，更甚者牠們連用來吃東西的嘴巴都退化到消失，所以根本也不可能獵捕食物。

對於蜉蝣來說，與其吃東西讓自己活下去，留下子孫這件事情更為重要。

擁有翅膀的成蟲如果白費時間活得長長久久，很可能在留下子孫前就被天敵吃了，或者遇到意外，這樣會提高死亡的風險。不管活得多麼久，若是不能留下子孫，就失去意義了。但是像蜉蝣這樣縮短成蟲時間，就比較容易達成留下子孫這個目標。如果蜉蝣具備「天命」，那麼蜉蝣的成蟲就是為了成就天命而縮短自己的性命。

話雖如此，只能在空中隨風飛揚的蜉蝣，沒有辦法從天敵身邊逃走，也沒有保護自己的力量。

因此在這些蜉蝣當中，有些種類會大量聚集。而且這個群體可不是普通的大，牠們會打造出非常、非常大的群體。到了傍晚，蜉蝣們會一起羽化為成蟲，大量冒出來。

以日本來說，由於大量冒出而引起討論的例子，就是大白蜉蝣（Ephoron shigae），其數量實在非比尋常，在空中飛舞的蜉蝣們就像是紙花一般。

除了遮蔽視線以外，還會造成道路上發生追撞事故導致交通阻塞，甚至可能使電車停駛、引發交通癱瘓。牠們冒出的數量可是多到會對人類的生活也產生影響。

蜉蝣會估算著日頭西斜天色漸暗時開始羽化。會在傍晚時分做這件事情，是為了要躲避昆蟲天敵的鳥類。當然，在昆蟲剛出現在地球上久遠的過往，鳥類可是連個影子都還沒誕生。會在鳥類歸巢的時間才羽化，想來是蜉蝣在長遠歷史當中獲得的智慧吧。

但是也有另一種天敵是在黃昏以後才出現的，那就是蝙蝠。說實在的，大量蜉蝣對於蝙蝠來說簡直是擺在桌上的大餐。蝙蝠們會手舞足蹈地獵捕著蜉蝣，但畢竟蜉蝣是在同一個時間大量冒出來，不可能馬上就吃完，因此會有很多蜉蝣能夠存活下來。

這就是蜉蝣的作戰方式。會創造出如此大的群體，就是為了不要被蝙蝠吃光。

有些被吃掉、有些則存活下來，蜉蝣們繼續群體飛舞著。在這龐大群體當中，雄蟲與雌蟲相遇、交尾。

但是這場宴會的時間非常短暫。畢竟蜉蝣的成蟲壽命就只有那麼短暫的時間。

就像是參加舞會的灰姑娘，在鐘聲響起的那瞬間，魔法就會解除；蜉蝣們只要時間一到，就會離開這個世界。

蜉蝣們在極其有限的生命內進行交尾。

對於蜉蝣來說，「成蟲」這個階段，只不過是為了要留下子孫罷了。

結束交尾的雄蟲們，抱持著完成天命的滿足感結束了一生。

就像我們說的「蜉蝣之命」那樣，牠們的生命之火靜靜地熄滅。

另一方面，雌蟲還不能死。

雌蟲們還有最後的工作。牠們必須降落到河流的水面上，在水中產卵。要是不快點完成這件事，小命就要走要盡頭。夜越來越深，牠們在

跟時間作戰。

但就算是平安降落到水上，雌蟲可沒有喘息的時間。

對於魚兒們來說，水上的蜉蝣真是送到嘴邊的美食，看到蜉蝣們接二連三降落，這下子換成魚兒歡天喜地開始享用大餐。

於是有些蜉蝣被吃掉、有些則存活下來。

運氣好而存活下來的雌蟲們，將新生命產在水中，而這些蟲卵就靜靜地沉到水底。

母親蜉蝣們看著剛產下的生命，也將自己的生命之火燃燒殆盡。留下子孫。對於蜉蝣們來說，一生就只是這樣。

這是多麼飄渺的生物啊，多麼飄渺的生命啊。

斷了氣的雌蟲們的亡骸，對於魚類來說仍然是一頓好吃的食物，看來魚兒們的宴會倒是還要開一陣子。

最殘酷的就是時間一到，宴會就一定要結束。蜉蝣的成蟲只能活幾個小時。夜晚漸深，不管是完成交尾而感到滿足的雄蟲、無法抵達水面的雌蟲、還有交尾失敗的大多數成蟲，都將接二連三死去。

牠們的生命非常短暫。

到了深更半夜，蜉蝣們的大量殘骸就會像紙花一樣，被風兒吹起在空中飛舞。

那看起來就像是接近地面的吹雪，幾乎可以說是氣象現象了。

就這樣，蜉蝣們的夜晚結束了。

牠們的性命的確很短暫，也確是很飄渺。

但如此飄渺的性命，正是蜉蝣們在三億年的歷史當中進化得來的。

對於蜉蝣們來說，肯定是奮力活出了亮麗的一生、享盡天年。

6 留下子孫的男子漢，即使被雌蟲吃掉也絕不停止交配

——螳螂

在日文中有個詞叫「螳螂婦人」。就是將那些獵殺啃食男人的惡女比喻為螳螂。

據說母螳螂在交尾結束以後，會吃掉公螳螂。

真是如此嗎？

螳螂一直給人凶暴殘惡的印象。

但是螳螂原本非常受到人類重視，牠們會捕食稻作害蟲，是害蟲的

天敵。在古代用來進行祭祀的銅鐸上也描繪著螳螂的圖樣，另外在日本，螳螂又被稱為敬拜蟲，因為牠們揮舞著鐮刀搖擺的樣子，就像是在敬拜著什麼。另一方面在西洋，螳螂這種敬拜的動作，則被比喻為預言者或者僧侶，牠們在那兒也被視作神聖的蟲類。

但是如今，螳螂給人的強烈印象卻是獵殺啃食雄性。

螳螂在春天會自蟲卵中孵化，於夏季中成長，而夏日將盡時就是牠們的交尾季節。到了這個季節，確實能夠觀察到會有母螳螂吃掉前來交尾的公螳螂。

將此生態現象廣泛介紹讓全世界知道的，是以《昆蟲記》一書聞名的法布爾。根據他詳細的觀察，才將螳螂此令人驚懼的生態公諸於世。

只要是能動的東西，基本上都是螳螂的獵物。就算是同伴的雄性個體，只要接近自己，母螳螂就會獵捕享用。

因此公螳螂在與母螳螂交尾的時候，必須要非常小心翼翼。畢竟若是被發現，那可就沒命了。必須在母螳螂沒發現的情況下悄悄接近，然後飛到對方背上停好才行，這實在是賭上性命。

話雖如此，又不能因為珍惜自己的小命就不接近母螳螂。畢竟公螳螂若是不去交尾，就無法留下自己的子孫，因此公螳螂會抱著必死的決心接近母螳螂。

另一方面，母螳螂似乎並不對於交尾那麼地執著，看起來食欲遠大於產下蟲卵的意願。

母螳螂在交尾的時候也會扭轉身體，想辦法要抓住背上的公螳螂，因此公螳螂為了避免被吃掉，會一邊躲避母螳螂、一邊交尾。要是在交尾途中被抓住了，那肯定就會被母螳螂吃掉。

但實際上公螳螂真的被母螳螂抓住吃掉的情況，似乎並不是那麼常見。大多數情況下，公螳螂都會肢體健全地從母螳螂身邊逃走並活下去。根據某個調查指出，公螳螂被母螳螂抓住的比例大約是一到三成左右。雖然只有這樣的比例，但公螳螂畢竟還是有被母螳螂吃掉的風險。

雖說沒能成功交尾就無法留下後代子孫，但公螳螂對於交尾的堅持

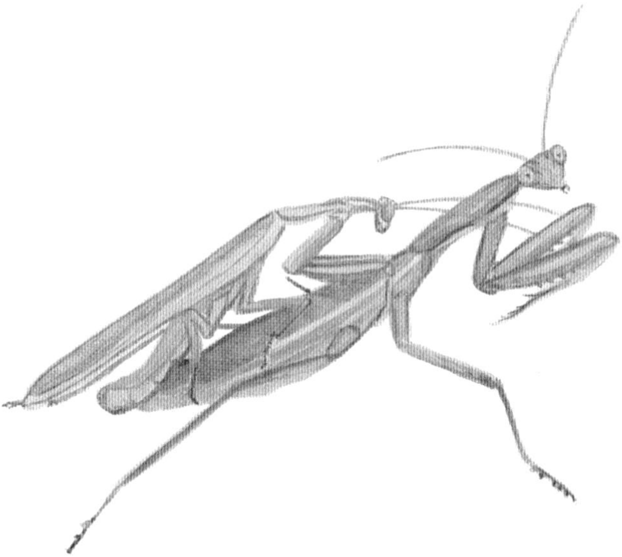

實在不可小覷。就算是運氣不好被母螳螂抓住了，牠們也絕對不會放棄交尾。

就算是正在交尾，食欲旺盛的母螳螂若抓住公螳螂的身體，便會開始大快朵頤。但公螳螂的行動卻令人非常驚訝，怎麼會這樣呢？就算頭被母螳螂啃掉了，公螳螂的下半身也還是會毫不停歇交尾的動作。

這也實在太過堅持了吧？多麼轟轟烈烈的生命盡頭啊。

吃掉公螳螂的母螳螂，真的是非常殘酷的存在嗎？

而公螳螂真的是非常悲慘嗎？

對於母螳螂來說，要平安產卵也是非常轟轟烈烈的工作。為了要產卵，牠們必須儲備豐富的營養。而被吃掉的公螳螂，對於母螳螂來說是再好不過的營養源。

實際上，據說吃掉公螳螂的母螳螂，可以產下一般螳螂兩倍以上的卵。

確實如果能從母螳螂身邊逃走，那麼公螳螂交尾的機會也會增加。但如果留下大量子孫這件事情對於螳螂來說才是勝利組的話，那麼死在母螳螂口中，肯定也並非白費生命。

澳洲袋鼩

7 一見面就天雷勾動地火，耗盡精力交配至生命結束

牠們究竟為何而生？

大家知道一種叫做澳洲袋鼩（ㄑㄩˊ）的生物嗎？

牠們的體長只有約十公分左右。是像小老鼠一樣的有袋類生物。所謂有袋類，就是指像袋鼠那樣，會在袋子裡養育寶寶的生物。

有袋類會產下尚不成熟的胎兒，在袋子裡將寶寶養大。另一方面，一般的哺乳類被稱為有胎盤類。有胎盤類的胎盤非常發達，因此孩子能

夠在母親腹中養育到足夠大。

據說有袋類與有胎盤類原先有著共同的祖先，不過在一億兩千五百萬年多前就發生分歧，之後便各自進化了。

有胎盤類適應了多樣化的環境，因此在全世界發展出各種進化的樣貌，而有袋類則在澳洲走上各種進化方向。

舉例來說，有袋類也有著像是有胎盤類的貓咪一樣，發展出袋貓。另外，相對於有胎盤類當中有狼，有袋類則有袋狼；有胎盤類裡有鼴鼠、有袋類則有袋鼴；有胎盤類有鼯鼠，而有袋類一樣有袋鼯。兩者的進化真的非常相似。

有胎盤類與有袋類都為了適應環境，而有著極為相似的進化歷程。

順帶一提有袋類當中的袋鼠，一般認為相當於有胎盤類的鹿；而有袋類當中的無尾熊，則近似於有胎盤類的樹懶。

澳洲袋鼩與有胎盤類的老鼠十分相似。

老鼠是非常弱的生物，牠們會被各式各樣的動物當作餌食。因此，老鼠所選擇的生存戰略，就是在短短一年的壽命之內，生下許多孩子。

澳洲袋鼩也選擇了這個戰略。

牠們的壽命非常短。母袋鼩的壽命大概兩年左右；公袋鼩則更短，連一年都不到。

牠們的一生實在非常忙碌。

澳洲袋鼩在出生後十個月就是成熟的個體，具備生殖能力。也就是個大人了。

如果人類二十歲才會成為大人，那麼計算起來就必須要經過兩百四十個月，也就是澳洲袋鼩以人類二十四倍的速度成為大人。

冬日將盡時大約兩週左右，是澳洲袋鼩的繁殖期。成為大人的公袋鼩，只要找到母袋鼩，就會接二連三不斷交配下去。

哺乳類當中，經常會出現母性動物選擇自己喜歡的公性動物的例子。由於哺乳類一次能夠產下的孩子數量有限，因此讓比較優秀的公性遺傳基因傳到孩子身上是非常重要的。也因此，有不少動物的交配規則，是公性動物必須在交配對象的母性動物身邊戰鬥，而母性動物只會與較強悍的那一方交配。

但澳洲袋鼩最不可思議的，就是母袋鼩不管來者何人，牠們都會接受。恐怕是即使用這種繁殖方式，也還是很難留下子孫吧，連選擇喜歡對象的閒功夫都沒有。

當然，公袋鼩也不會選擇對象。只要遇上了，這樣講雖然有點難聽，但是公袋鼩只要遇到母袋鼩就會衝上去交配。

若是有規則讓強悍的公袋鼩才能留下子孫，那麼公袋鼩也會努力壯大自己、提高鬥爭能力，但是對於澳洲袋鼩來說，強悍是沒

有任何意義的。因為母袋鼩基本上來者不拒，所以盡量與多位對象交配的公袋鼩，就能夠留下比較多子孫，這樣一來就是先上先贏了。對於澳洲袋鼩來說，牠們可沒時間和其他公袋鼩打架。

其他動物們會與對手競爭、選擇自己的伴侶，以甜蜜的鳴叫聲或肌膚相親來培育愛情，留下愛的結晶。但是公袋鼩絲毫不講情不談愛，就只是找出可以交配的對象然後交配，之後又繼續找下一個交配的對象，不斷重覆這樣的行為。

想來這也是沒有辦法的。再怎麼說，澳洲袋鼩的繁殖期只有短短兩個星期而已。那對於牠們來說，是這輩子唯一也是最後一次的機會。一旦過了這段時間，公袋鼩的生命就會走向盡頭。因此公袋鼩在這段期間會不眠不休地尋找母袋鼩，然後接二連三拚命交配。

聽到「接二連三交配」也許會讓人聯想到輕浮的花花公子，甚至可能有感到羨慕的男性諸君，但牠們真正的情況卻不是那麼輕鬆，澳洲袋鼩的性生活可以說是轟轟烈烈。

公袋鼩由於不斷進行交配，因此體內的男性荷爾蒙濃度會過高，導致壓力荷爾蒙也會暴增。這樣一來，身體內部組織會受到相當程度的損害，據說就連生存必須的免疫系統也會開始崩潰。

由於這樣的情況，牠們的毛髮會開始脫落、據說甚至眼睛也會逐漸看不見東西，但牠們卻不會讓自己的身體休息，仍然繼續與母袋鼩交配。即使牠們的身體都已經破破爛爛了，還是不會放棄交配。在僅存的有限生命內，牠們會繼續交配下去。

等到兩星期的繁殖期結束之時，公袋鼩也差不多耗盡了精力。牠們一個接一個地失去性命，結束了短暫的生涯。

這是多麼慘絕的死亡方式、多麼壯烈的生涯啊。

另一方面，母袋鼩則不會如此。母體必須要產下孩子，就算拚命交配，孩子的數量也不會增加。因此牠們不會賭上自己的性命，去進行不必要的交配，畢竟母袋鼩還有生產以及養育孩子的重要工作。

回顧生物的進化，公性這個性別的動物，可以說是為了讓母性動物們能夠更有效率進行繁殖而生的。

所謂「男性」是出生就命運悲慘的生物。

但是澳洲袋鼩的男性們，卻接受了這個命運，盡天命而享天壽，真是些好男性。

當然也可以藐視牠們是耽溺於性生活的生物，甚至有些地方還會介紹牠們是交配過度的愚蠢動物。

但這只有創造天地的神明才能明白。在生物學上，牠們可是男人中的男人。

用自己的死亡換取留下「未來」這顆種子的澳洲袋鼬。

相對於我們人類煩惱著「是為了什麼而活著呢」，澳洲袋鼬告訴我們生命最簡單的意義就在於「為了下一個世代而活」，我總是這樣覺得。

8 寄生雌魚，雄魚一輩子耍廢度日，射精後就被融為一體

━ 鮟鱇

「我們要一直在一起喔。」

「一輩子都不會分開。」

這個世界上的男性們，在對女性們說這些甜言蜜語的時候，究竟抱持著多大的覺悟呢？

鮟鱇（ㄢˋ ㄎㄤ）是一種生活在黑暗海底的深海魚類。

在那光線無法抵達的陰暗海底，牠們的頭上伸出了一條長長的突起

物，在尖端的發光器會散發出些許光芒，吸引小魚兒前來，然後捕食牠們。由於這個發光器看起來與點亮的提燈非常相似，因此日文當中稱呼這種魚類為提燈鮟鱇。

鮟鱇棲息在深海當中，因此其生態還是有著各種謎團。牠們究竟過著什麼樣的生活？壽命大概是多長呢？這些目前都尚未有解答。

過往在調查鮟鱇魚的屍體時，曾經發現鮟鱇巨大的身體上有著小小像是蟲子一般的生物。

非常不可思議的是，那彷彿小小蟲子般的生物屍體，竟然與鮟鱇魚本身的身體化為一體。原先以為這個奇妙的生物，可能是寄生蟲之類的，但在繼續調查以後卻發現了驚人的事實。

那彷彿寄生蟲般緊連在鮟鱇魚身體上的小小生物，令人難以置信地竟是公的鮟鱇魚。

在魚類的世界當中，母魚比較大的情況並不少見。畢竟身體比較大，才能夠產下較多的魚卵。

話雖如此，鮟鱇魚的公魚及母魚尺寸實在相去甚遠。母鮟鱇會長到體長四十公分左右，相對於此，公鮟鱇則只有四公分大。

這樣實在令人難以相信牠們是同一種魚。發現者會誤以為小小的那隻是寄生蟲，實在無可厚非。

而且公鮟鱇的奇妙之處，還不只是牠們身體小，牠們的生態才是真正奇妙之處。

公鮟鱇會緊咬母鮟鱇的身體，像是吸血鬼一樣，從母鮟鱇的身體吸取血液，藉此獲得養分生活，真的是很像寄生蟲呢。

小小的公鮟鱇魚，也是憑藉著母鮟鱇的燈光找到母魚的。

鮟鱇魚生活在周遭永遠是一片夜幕的陰暗海底，對於公鮟鱇來說，要找到母鮟鱇實在太不容易了，就算找到牠們，要在此陰暗之處並肩前行而不分離實在很困難，因此牠們乾脆緊黏著母鮟鱇的身體。

對於母鮟鱇來說，相遇的機會也是十分有限。好不容易才遇到了公

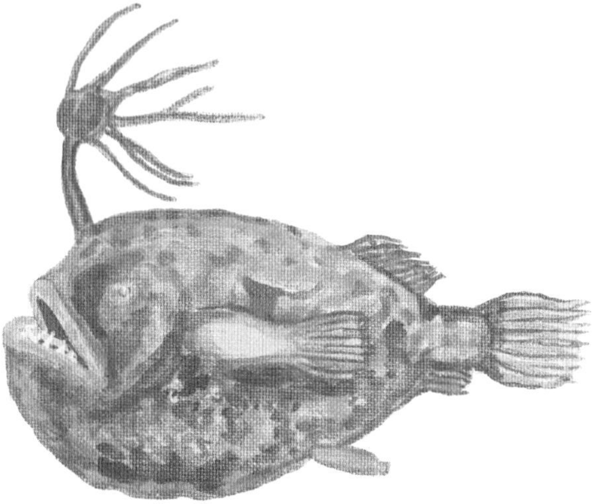

鮟鱇，不如分一點營養給那小小的身體，讓對方一直待在自己身邊，對於能夠留下子孫一事比較有利。為了要能夠確實留下子孫，因此牠們發展出公鮟鱇會緊黏著母鮟鱇的結構系統。

這樣看來公鮟鱇的確就是讓女性包養的小白臉呢。

話說回來，公鮟鱇的小白臉真是當的非常徹底。

附著在母鮟鱇身上的公鮟鱇，由於會被母鮟鱇帶著走，因此不需要自己游走海底，所以牠們用來划水的魚鰭會消失、就連要用來找餌食的眼睛也會退化掉。不僅僅如此，既然母鮟鱇身上的血液會直接流到公鮟鱇身上，那麼用來消化食物的內臟也不需要了，也一起退化掉。在這與母鮟鱇身體同化的過程當中，為了要留下子孫，只有牠們的精巢會持續壯大發達。幾乎可說全身上下有價值的，就是那個精巢了，最終可說就是成為用來製造精子的工具。

公鮟鱇只要為了受精而釋出精子以後，就沒有用了。而牠們的身體已經沒有魚鰭、沒有眼睛、連內臟都沒有。

因此牠們會靜靜的與約定好「要一直在一起」的母鮟鱇魚慢慢化為一體。

深深的海底，是一個光線無法抵達的世界。

深深的海底，有我們人類未知的生命努力存活著。

在那深深的海底，公鮟鱇魚的身體靜靜地消失、默默地結束了牠的一生。

對於身為母鮟鱇魚的小白臉、甚至是工具而活的公鮟鱇魚來說，「活著」這件事情到底有什麼樣的意義呢？

以男人來說，也許會覺得這實在是一種非常丟臉的生存方式。

但事實並非如此。

回顧生命的進化過程，生命為了要能夠有效留下子孫，因此打造出雄性與雌性這兩種性別。雌性是生產後代的存在；而雄性則是為了協助繁殖而打造出來的。說到底，所有生物的雄性，都只不過是讓雌性能夠產下後代的伴侶。我也不怕被誤解就直說了，在生物學上，所有的雄性都只不過是為了要提供精子給雌性而存在的。

這樣說起來，捨棄一切來完成這個使命的公鮟鱇，實在可稱得上是男性中的男性啊。

在光線無法抵達的深沉陰暗海底，公鮟鱇就像是被母鮟鱇吸收、又像是融化一般，漸行漸遠離開這個世界。

這就是公鮟鱇的生存方式，同時也是牠們身為男性的死亡樣貌。

9 一生只有愛一回，亡父寡母對孩子犧牲自己無盡的愛

章魚

若開口叫聲章魚媽媽，總給人一種幽默又滑稽的感覺。

但其實章魚給人的印象有些可怕。

雖然章魚看著像是綁了頭巾的大頭，但那看起來像是大大頭部之處，其實並不是牠的頭，而是身體。

在電影《風之谷》當中，有一種叫做王蟲的奇妙生物。王蟲在身體前方有用來前進的腳、而腿的根部附近則有著長了眼睛的頭，後方則是巨大的身體。其實章魚的身體結構就與王蟲有些相似。也就是說，在牠

的腳部連接的根部那兒有頭、再後方則是巨大的身體，只不過章魚並不是往前進，而是朝著後面游動。

章魚在無脊椎動物當中具有相當高的智慧，非常有名的就是牠們會育兒，是一種有養子煩惱的生物。

在棲息於海裡的生物當中，很少有生物會育兒的。

在這不是吃就是被吃的弱肉強食海洋世界當中，就算父母親想要守護孩子，遇上了更強悍的生物，就只有親子都被吃掉一途。因此與其努力育兒，還不如留下多一點後代比較好。

在魚類當中，確實也有一些會照顧生下的魚卵以及幼魚，但是這類會育兒的魚類，基本上都生長在淡水或者沿岸淺海。在狹窄的水域當中雖然遭遇敵人的可能性高，但畢竟地形複雜，能夠找到許多藏身之處，因此父母會保護魚卵，以求提高後代的生存率。另一方面，在廣大的海洋當中，親魚能夠躲藏的地方非常受限，與其笨拙躲躲藏藏而被敵人吃掉，還不如把魚卵灑在廣大的海洋當中。

要育兒就表示必須要有保護卵以及孩子的強悍度才行。

另外在魚類當中，由雄性而非雌性來養育孩子的案例，遠比雌性養育來得多。

會由公魚來養育孩子的理由並不明確。不過對於魚類來說，增加魚卵的數量是非常重要的，因此要母魚去育兒，還不如讓牠們將這些精力耗費在增加魚卵數量上。推測可能是因為這樣，所以公魚便代替母魚去養育孩子。

不過，章魚卻是由母章魚育兒的。由母親來養育孩子，這在海洋生物當中實在非常稀有。

章魚的壽命長度並不明確，一般認為是一年到數年之間，而章魚只會在一生最後進行唯一一次繁殖。對於章魚來說，繁殖是牠們生涯最後且最大的活動盛事。

章魚的繁殖是從雄性與雌性相遇開始的。

公章魚會以愛情連續劇當中那種甜蜜的氣氛向母章魚求愛，但有時候會有多隻公章魚同時向母章魚求愛。這個時候，公章魚會在母章魚身邊激烈鬥爭。

公章魚之間的纏鬥實在非常壯烈，畢竟繁殖可是牠們這輩子唯有一次、也是最後一次的大活動。要是讓機會溜走了，可就無法留下子孫了。激動的公章魚們為了隱藏自己的身軀，會不斷變換體色到令人眩目的地步，趁機抓住另一隻公章魚。牠們的打鬥十分激烈，幾乎要撕裂肢體軀幹，可說是賭上性命。

在戰鬥中勝利的公章魚，會重新向母章魚求愛，如果母章魚接受了，牠們就會成為一對情侶，而兩情相悅的章魚，便會緊緊相擁、進行這輩子唯一一次交配。對於章魚們來說，就像是感恩這段時間、又像是珍惜這段時間，牠們會非常、非常緩慢地花費好幾個小時來進行這個儀式。而儀式結束之後沒多久，公章魚就會精疲力盡地結束牠的一生，牠們的身體被設定為交配結束就會走向盡頭。

而被獨留世間的母章魚還有重要的工作。

母章魚會躲進岩石的縫隙之間產卵。

如果是其他海洋生物，這樣子就結束了，但對於母章魚來說，接下來還有轟轟烈烈的育兒行程等著牠。在卵平安孵化以前，牠會一直守在巢穴當中保護著卵。以最普通的章魚來說，卵的孵化期間大約需要一個月，而棲息在冰冷海底的巨型章魚由於卵發育的非常遲緩，因此據說孵化的時間會需要六個月到十個月左右。

在如此漫長的時間內，母章魚都會一直守護著牠的卵。這該說就是母愛嗎？在這段期間，母章魚也完全不

會去捕食東西，片刻不離地抱著牠的卵寶寶們。

也許「稍微」離開巢穴一下下應該沒關係吧？但章魚媽媽並不會這麼做，在充滿危險的海洋當中，絕對不容許任何閃失。

當然，牠並不是單純留在巢穴當中。

母章魚會經常翻動卵寶寶、拿掉沾在卵上的垃圾或者黴菌等，噴水上去把卵周遭沉澱的死水更換成新鮮的水，不斷對卵貫注著愛情。

絲毫沒有進食的母章魚，體力會越來越虛弱，但想要襲擊寶寶們的天敵卻總是想趁隙而入。另外，由於在海洋當中可以用來藏身的岩石是非常貴重的寶地，因此也會有些想尋求藏身處而打算掠奪巢穴的無禮生物，當中甚至會有其他想要產卵的章魚試圖鳩佔鵲巢。

每當有這種情況，章魚媽媽就會奮力守護巢穴，即使體力已經虛脫、快要失去所有氣力，只要寶寶們遇上危機，牠就會立刻起身對抗。

就這樣，一天又一天過去了。

那天終於來到。

卵當中浮現了小小的章魚寶寶。母章魚溫柔地為卵潑上新水，據說這可能也是在幫助卵中的孩子們打破卵殼走向外面的世界。

一直守護著卵寶寶們的母章魚此時已經連游出去一點點路的力氣都沒有了，當然也沒有動腳的力氣。牠看著孩子們一個個孵化出來，像是終於安了心而倒在一旁，緩緩力盡身亡。

這就是母章魚的最後一幕，這也是牠們母子永遠分離的一刻。

10 卵海戰術，傳宗接代建立在無數的死卵之上

——翻車魚

有時我們會在新聞上看到，翻車魚的屍體被海浪打到沙灘上。

翻車魚一般是在離海面很近的地方游動，可能因此不小心被海浪捲走了吧。

據說翻車魚是會產下三億顆魚卵的魚類。

更正確地說，研究真的曾經發現翻車魚的卵巢內有三億個以上的未成熟卵子，應該不是牠們一次就會產下三億顆魚卵。

但是，無論如何牠們應該都會產下數量非常龐大的魚卵。

生物在留下後代子孫的戰略當中，基本上區分為產下極大數量的小卵、以及數量雖少但非常大顆的卵。

雖然產下大量的卵看來似乎比較有利，但是母親為了製造卵而能夠分配的資源有限，因此只要卵的數量往上增加，每顆卵就會變得更小。這種情況下，卵若是越小，表示從這顆卵當中出生的孩子也會變得很小，這樣孩子的生存率就會降低。

那麼減少卵的數量又會如何呢？

如果卵的數量較少，那麼每個卵都可以長得比較大，也就能夠生下生存率較高、體型較大的孩子。但是，就算能夠存活到將來的孩子，數量在比例上比較高，原本生下來的孩子就比較少，因此最後能夠好好生存的孩子總數量也不會太多。

產下大量小型卵以及產下少數的大型卵，這兩種策略究竟哪種能夠留下比較多後代子孫呢？

當然，哪種情況比較有利，會因該生物所處的環境而異。所有的生物都會搖擺於兩種戰略之間，並且在選擇後努力發展下去。

包含人類在內的哺乳類，選擇了後者並且奮力發展這個戰略。

大多哺乳類在一年之內都只能產下一個或兩個孩子。就算是多的，大概也是一次生產只能夠產下多幾胎。

而且哺乳類產下的孩子並不是像鳥類或魚類那樣的卵，而是讓卵在母親體內就孵化、竭力養大胎兒，並且在產下孩子以後繼續照顧孩子。哺乳類選擇了產下數量極少的子孫，並且徹底提高孩子生存率的戰略。

魚類們則和哺乳類相反，牠們選擇了產下大量魚卵的戰略，翻車魚可以說是會產下大量魚卵的魚類中最典型的那一種吧。

翻車魚會產下非常多小小的卵。

如果這些卵全部都會長大為成魚的話，那麼全世界的海洋應該都會被翻車魚填滿了吧？但實際上並沒有發生這種事情。

翻車魚產下的魚卵大多數都會被吃掉，而從那些小小魚卵中孵化的小魚兒們，也幾乎都會被吃掉。

就算長大了也還片刻不得安心。

在汪洋大海當中，等著獵捕翻車魚的獵捕者可多了。

鰹魚、鮪魚、旗魚等大型魚類，還有各種鯊魚全都會獵捕翻車魚做為食物。還不只是魚類，虎鯨、海獅等居住在海中的哺乳類也會捕食翻車魚，因此大多數翻車魚都化為海底的藻屑。

翻車魚實際上會產下多少魚卵、孵化出來的小魚當中有多少能夠長大，這些我們都不知道。

但是能夠存活的翻車魚若是數量太少，那麼牠們終有一天會滅絕。相反地，若是存活下來的翻車魚非常多，那麼自然界應該會失去平衡。

因此公翻車魚及母翻車魚生下來的魚卵當中，最後能夠留下來的翻車魚，應該會與兩尾這個數量相去不遠，這就是自然界的道理。

我們並不知道翻車魚會產下多少數量的魚卵，但是翻車魚能夠平安長大的機率實在低到不能再低。

據說中大樂透頭獎的機率大約是一千萬分之一，而翻車魚平安長大的機率，可以說是比中頭獎還要困難了。這樣一思考，就會明白能夠長大的翻車魚是運氣有多麼好的魚兒了。

如果你身為一隻翻車魚，那會如何呢？

你有自信能夠平安長大嗎？

雖然翻車魚的壽命並不明確，但據說在魚類當中算是命比較長的。一般認為牠們至少也可以活二十年以上，推測可能具有一百年左右的壽命。

但是這夢幻般的數字，只會發生在幸運的一小撮翻車魚身上。

幾乎所有翻車魚都無法活那麼久。

壽命是長是短，並不是那麼重大的問題。

自然界當中，並非所有生命都能夠盡享天年。應該說，幾乎都不可能享有自己與生俱來的壽命。

被打上沙灘的翻車魚，也許仍算是幸運的吧。

幾乎大部分的翻車魚連新聞也沒上過，在出生後沒多久，就已經死去。

11 只要沒有意外，不老不死，活著就是生存的意義

——水母

在水族館望著水母，不禁覺得牠們真的是非常不可思議的生物。

看起來像是隨波逐流般漂蕩，卻又拚了命地撐開關閉傘部游動著。以為牠們是朝著水槽上方游去吧？下一秒卻又往水槽底部前行，看起來也不是單純地隨著水流在移動呢。

如果說牠們是在游動，那麼應該會有移動的意圖以及目的吧？但是牠們究竟是為何而游動，光是盯著牠們看，實在是看不出個所以然。

水母究竟在想些什麼呢？

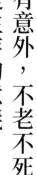

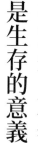

「水母也有自己的生存意義。」

這是喜劇演員卓別林留下的名言。

在卓別林的電影《舞臺春秋》的一個場景當中，有個對生命感到絕望、打算自殺的年輕芭蕾舞者，主角對這位舞者說：「活下去是非常美好的事情，就算是水母也一樣。」

這句臺詞，就是那名言的由來。

活著是非常美好的，就算是水母也是如此。對於生命來說，活著這件事情本身，就具有美麗的價值。

事實上，想來並沒有水母會因為失去生存意義而自殺，對於水母來說，活著本身就是生存意義。

水母是在非常久遠的五億年前就出現在地球上。那個時候，別說是恐龍了，就連魚類都還不存在。

據說水母可能是單細胞生物剛進化為多細胞生物時，進化完成的埃迪卡拉生物群的殘餘物種。回溯地球的歷史，也會發現水母是相當古老的生物。

而那樣久遠以前的水母，一直活到了現代。

自古代一路活到現在的水母生活史，實在是非常複雜、並且令人感到不可思議。

剛出生的水母，會以一種叫做浮浪幼蟲的型態，以浮游生物之姿在海中漂蕩，但是浮浪幼蟲就像是植物的種子一樣，牠們會附著在岩石等處，然後發芽。接下來就成為水螅型態的生物，長的有些像是海葵。

水螅型態的牠們並不會移動，而是固定在該處生活。

接下來牠們會分裂並且開始繁殖，就像是植物進行分株那種感覺，但水母並非植物，牠們非常明確的是一種動物。

之後會進入橫裂型態，看起來像是許多碗疊在一起的樣子，而這些碗就會一個個脫離、分開，接二連三作出分身，這些碗狀的分身是被稱為碟狀幼生的幼小水母。

尚為水母幼體的碟狀幼生會一邊游泳一邊成長，最後長成水母。像海葵那樣會定居在一個地方生活的水螅型態，或者橫裂型態時為了要捕食獵物而朝上伸展的觸手，在長成水母的同時也轉往下方。這個觸手會游泳、也會用來捕捉獵物。

這些水母會在體內將卵孵化出來，生出下一個世代的浮浪幼蟲。而產下浮浪幼蟲的水母就會死去。

水母的生活史就是這樣永久重複下去。

水母的成體壽命很短，雖然會因種類而異，但就算比較長命的也只有一年左右。

但是，就是這個但是，令人感到萬分驚訝的是，有一種不會死亡的水母存在這個世界上。

那就是燈塔水母。

燈塔水母和其他水母一樣，會從浮浪幼蟲開始，歷經水螅型態、橫

水母生活史

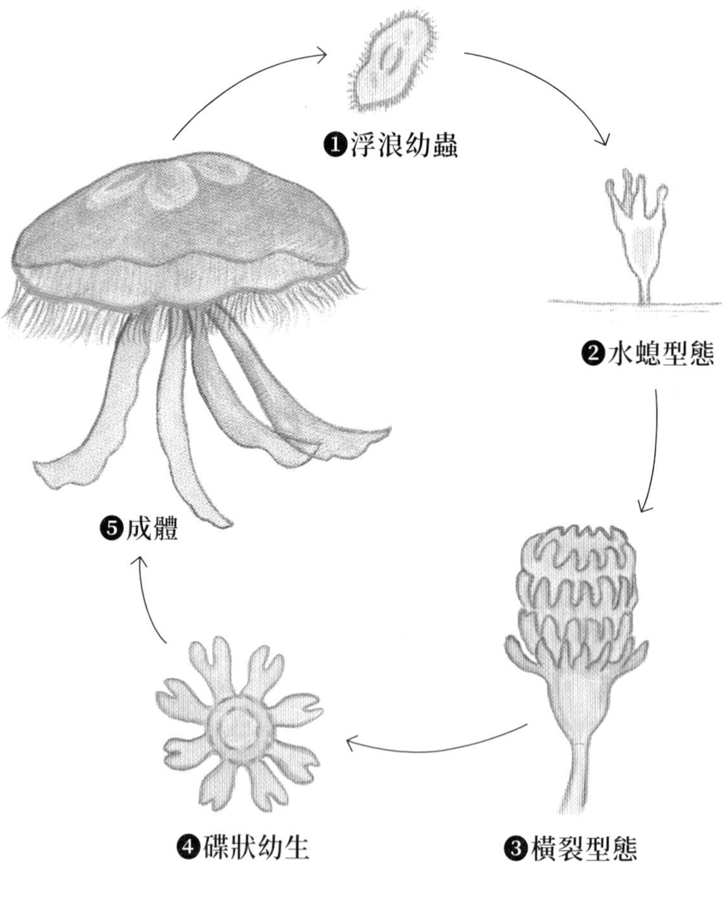
❶浮浪幼蟲
❷水螅型態
❸橫裂型態
❹碟狀幼生
❺成體

裂型態，成長為碟狀幼生，最終成為水母的樣子。

而燈塔水母也終將面臨死亡。不，牠們本應面對死亡才對。但是那些被認為應該是將要死亡的燈塔水母，不知怎麼地，居然縮成小小一團，成為了新的浮浪幼蟲，然後又繼續走向水螅型態，踏上牠們的生活史，牠們便是如此在不知不覺間返老還童了。燈塔水母會一直重複這樣的生活，牠們並非不會老去，但會不斷返老還童成為浮浪幼蟲，牠們可以讓自己的生命重新來過無數次。從這方面看來，可以說是不老不死。

水母是在五億年以前就出現在地球上了。有人提到，是否可能有燈塔水母從那時起就一直活著，活了五億年了呢？牠們實在是令人感到驚訝的生物。

不老不死是古今中外人類的願望。實際上也有研究者認為，如果能夠分析出燈塔水母不老不死的機制，也許就可以應用在人類身上。

不老不死，究竟是什麼樣的生活呢？

這表示不必擔心老去、也不用害怕自己死去。不管想做什麼事情，都可以放手去做。如果能夠活到五億年這麼長的話，那麼究竟要做些什麼呢？不，應該不需要考慮那種事情吧？反正時間是無限的。這種事情隨便什麼時候再想都沒關係，也許哪天就會想到了。

某天，那被認為是不老不死的燈塔水母，正悠哉的在淺海當中咕嚕咕嚕的漂蕩著。

不知道牠已經這樣過了多久的日子呢？想來明天、後天，將來的每一天也都會如此吧。

忽然間，燈塔水母的身體自海中被拉了起來。說時遲那時快，一下子就不見牠的蹤影。

是海龜。

海龜非常喜歡吃水母，恐怕是有海龜吃了那隻燈塔水母吧。

那隻燈塔水母究竟已經活了幾年呢？說不定牠是活了幾百年、幾千年的水母呢。對於這樣的燈塔水母來說，死亡實在是過於空虛，就算是壽命沒有盡頭的燈塔水母，死亡也一樣就在牠身旁。

12 一生在危險的海中討生活，上陸也有變浦島太郎的可能

——海龜

某天清早，發現了一具被打上沙灘的死亡屍體。

是溺死的。

檢查結果發現肺部充血、完全變成紅色，這是溺死者經常出現的典型現象。

死亡的遺體是一具海龜。

性別為母、年齡不詳。

推測海龜有五十至一百年左右的壽命。不知道牠們怎麼樣才算是年

輕呢？不過被打上岸的看起來是年輕母龜的屍體。

話說回來……

這句溺死的屍體，總讓人覺得有些弔詭之處。

為什麼應該是居住在海中的海龜，竟然會溺死了呢？

一般認為海龜的祖先原先應該是棲息於陸地上的，後來逐漸進化為適應海中生活。為了要能夠快速游泳，牠們讓腳發展為像魚鰭的形狀，將殼的形狀縮小為比較纖瘦的樣子。有了這個調適過的身體，能夠自由自在於海中悠遊。

就這樣，海龜一輩子都會生活在海洋當中。但是……

這樣的海龜，卻成了一具溺斃的屍體被打上岸來。

海龜居然會溺水而死，是真的嗎？

海龜可以長時間在海中潛水。

但是，牠們與使用鰓來呼吸的魚類不同，海龜是爬蟲類，所以牠們必須使用肺部呼吸。因此牠們每過幾個小時就得要從海上探出頭來，呼吸下一口氣才行。

但是，牠們若是不小心被捕魚所張開的漁網給勾住了，就無法浮到海面上，要從網子裡掙扎脫出也相當痛苦，到最後就會窒息身亡。

以海洋為棲息地、生活在海中的海龜溺死。

這是多麼哀戚啊。

海龜一輩子都在海中度過，不過母的海龜會到陸地上。

由於海龜卵在海中會無法呼吸，因此母海龜會回到牠們出生的故鄉沙灘陸地上產卵。

日本的海龜產卵時節為夏天，母海龜會在夏天每隔幾週分次產卵。

對於棲息於海中的海龜來說，要在陸地上活動真的十分困難，並且充滿危險。

即使如此，母海龜為了新生命，還是會爬到沙灘上。

但是現在牠們能夠登陸的沙灘卻正顯著減少中。海岸多已經開發，沙灘大量減少，幾乎消失。當海龜在海中結束長長的旅程，回到故鄉一看居然已經沒有沙灘，這種事情屢見不鮮，牠們的心情大概就像是浦島太郎吧。

由於需要填地，人類大量挖取海岸的沙子、還有整備河流也使河流不再有那麼多沙子流入。以往日本的海岸線有著非常寬廣的沙岸，如今卻都變得非常狹長。不只是如此。

那僅存的沙灘還在被整理好了以後，就湧入了人山人海。在那綿延的海岸線上還鋪設了許多道路，也有些海龜運氣不好的話，就會被沿著海岸奔走的車子給輾過。

還有其他事情會阻礙海龜產卵。

由於海龜必須在黑暗當中產卵，因此在那被路燈或者城鎮燈光照得到處閃閃發亮的沙灘上，牠們是無法產卵的。好不容易才來到了陸地上，卻找不到能夠產卵的場所，結果只能回到海裡去。

母親辛勞生下的卵也還有得受。

在夜晚的沙灘上，一些越野摩托車因為好玩而在沙灘上繞行，母親抱著必死的決心產下的那些卵，簡簡單單就被輾過成了碎片。

好不容易出生的小海龜們，也

還是必須面臨危險。

剛出生的小海龜們，習性上會憑藉著月光回到海裡，但是牠們很容易被街道的燈光誤導，而朝著海洋的反方向前進。一旦到了白天，海鳥就會開始接二連三地，襲擊那些在沙灘上踩著不穩步伐的小海龜們。

要抵達海洋本身就是一件難事了。

海龜的一生，充滿了危險。

就算平安抵達海洋，小海龜們還是會成為大型魚類的目標。在汪洋大海當中，海龜的孩子們實在太幼小，是非常弱小的存在。

而這些海龜們，會在世界各地的海洋中泅泳成長，過了數十年牠們終於成為大人。

但是牠們的旅程充滿了危險，海龜能夠成為獨當一面的成熟海龜，並不是那麼常見的事情。

在那危險旅途的最後，海龜會回到相別數十年的故鄉海洋。

而那海龜的屍體，就這樣被打上了沙灘。

13

深海中的母螃蟹，放棄溫暖朝著冰冷海洋而去

——基瓦多毛怪

那是深到不能再深的海底。

太陽的光線無法抵達，周遭永遠只有一片黑暗，而這裡，就是那樣的世界。

大家是否聽過「LUCA」這個詞彙呢？

生命的起源是在三十八億年以前的事情。

在古代地球的海洋當中，有機物聚集在一起之後，誕生了最初的

生命，這個最初的生命就被稱為「LUCA」（last universal common ancestor，最後共同祖先）。

沒有生命的「虛無」聚集在一起，創造了「生命」，這個奇蹟是在久遠以前發生的事情。

之後這個生命進化為各式各樣的型態，引領地球成為生命行星。

生存在地球上的所有動物、植物，追本溯源都能夠回到那個LUCA。

在現代地球也有個能讓人回想起生命源頭的場所。

那就是被黑暗覆蓋的深深海底。

在那深到不能再深的海底，有個地方叫做「海底熱泉」，是會噴出熱水的地方。

由於地幔對流，海底的地殼會慢慢被拖進海溝當中，而此摩擦熱會讓地下水加熱並且噴發出來。

生命的起源，目前還是一個謎題。但是一般認為在三十八億年以前，在地球這個沒有任何一點像是生命體存在的死亡星球，誕生了最初生命之處，就是在這樣的場所。

由於火山活動而從地中噴發出來的熱水當中含有硫化合物。現在的生物大多是利用氧來製作自己進行生命活動時所需的能源，但是在無氧的原始地球環境當中，必須分解這些硫化合物產生能源。

也許大家會覺得這真是奇妙的生命活動啊，但這可是我們所有生命的始祖呢。

即使到了現在，也有分解著硫磺的微生物棲息在熱泉周邊。如果微生物能夠存活，那麼以牠們為餌的小小生物們也可以住在那兒，而以那些小生物果腹的較大生物，也會定居在該處。就這樣，海底熱泉的周遭出現了食物鏈，打造出一個小小的生態系統。

在太陽的光線無法抵達的完全黑暗當中，有這樣的生命系統。

熱泉的周圍有著具管狀殼的生物、以硫化鐵作為盔甲保護自己的生物等，群聚了許多姿態奇妙到不像是地球上生物的生命們。

基瓦多毛怪也是一種在海底熱泉附近發現的螃蟹。

在日文當中稱呼牠們為「Yeti crab」，Yeti是一種據說生活在喜馬拉雅山上的雪男，因此意思就是「雪男螃蟹」。這是由於牠們有著長滿硬毛的雙螯，以及白皙的身體，才會如此命名。

在深深海底中，能夠作為食物的生物並不多。判斷基瓦多毛怪應該是讓細菌棲息在雙螯的長毛當中，藉此作為自己的食物。

在南極海裡，也在深海中的海底熱泉周圍發現了基瓦多毛怪。南極的深海極為寒冷，水溫僅有攝氏兩度，那是會冰凍生物的嚴寒。

但是噴出熱水的海底熱泉周遭水溫非常高。因此，基瓦多毛怪會密集聚在那附近生活。但說老實話，從熱泉當中噴出來的熱水高達攝氏四百度，因此靠得過近可不是燙傷這種小事，應該在碰到熱水的瞬間就立即死亡了吧。

話雖如此，若是離熱水太遠，可就要凍死在冰冷的海底了。不能靠太近、又不能離太遠，必須要保持一個相當巧妙的距離，基瓦多毛怪便是在如此嚴苛的環境當中，彷彿攀附著熱泉一般生活。

話雖如此。

人類曾經在遠離熱泉的冰冷海底，發現好幾隻母的基瓦多毛怪。

雖然是放眼望去什麼都看不到的海底，但總還是能區分出海水是冰冷的還是溫暖的。

如果為了活下去而需要溫暖的水，那麼應該不會弄錯生命源頭的海底熱泉位置才對。

究竟這些螃蟹，為什麼會待在遠離生命泉源的地方呢？

沒有人知道理由。

但是，推測這些螃蟹離開熱泉，很有可能是為了產卵。

熱泉對於生物來說，是生命之源。海底冰凍得嚇人，也許連當成食物的細菌都死了。但是離開熱泉的母螃蟹，在冰冷的海中會失去體力，身體想必也傷痕累累。就算是為了要產卵，只要離開熱泉附近，那麼母螃蟹肯定也會丟了性命。

即使如此，身為母親的她們卻不曾停下自己的腳步，為了尋找產卵之處而拚命奔走著。當然，不可能再回到熱泉那兒。

我們並不知道居住在深海的基瓦多毛怪壽命究竟有多長，但恐怕她們在死亡之前只有一次產卵的機會。

也就是說，遠離熱泉的她們，是踏上死亡之旅。

為什麼要走上這趟艱險的旅程呢？我們並不明白。

但是，母螃蟹會離熱泉那樣的遠，肯定有她們自己的理由。說不定要養育小螃蟹，必須要是低溫才行？因此推測母螃蟹們很有可能會犧牲自己的性命，而朝著適合孩子們的水溫邁進。

而她們在產下卵以後，就在冰冷的海裡死去。

海明威的小說《吉力馬札羅山的雪》（雪山盟）當中有這樣一段故事：

吉力馬札羅山是標高五八九五公尺而被白雪覆蓋、非洲最高的山峰。西側的山頂在馬賽語當中被稱為「Ngaje Ngai」，也就是「神之居所」。而在那神之居所的附近，有一頭凍僵的豹子屍體在該處風乾。豹到這樣高的地方尋求些什麼呢？沒有人明白牠的理由。

成為母親的基瓦多毛怪，究竟是懷抱著什麼心思而踏上前往冰冷海洋的旅程呢？

沒有人知道真正的情況。

但是，基瓦多毛怪們就這樣一代傳過一代、延續牠們的性命。在地球的海底，生命仍然持續交棒給下一代。

14 自太古起便不斷如雪花飄落至海底的浮游生物遺骸

━海洋雪

在光線無法抵達的深海中，有種白色的東西像雪花一般不斷飄落。這種像雪一樣的物體，在英文被稱為「marine snow」，也就是海洋雪。

海洋雪其實是浮游生物的屍體。

浮游生物在英文中以「plankton」來稱呼，這是拉丁文中的「浮游」，意思就是在水中漂蕩的小小微生物。

浮游生物種類非常多樣化，包含很多生物。有剛出生的幼小魚苗、蝦子或螃蟹的小小孩、水蚤那樣的微生物，另外還有小小的單細胞生物，也被稱為浮游生物。

僅由一個細胞構成的單細胞生物，是最為原始的生物。牠們不具備複雜的結構，只會進行細胞分裂增加自己。

一個細胞分裂為兩個細胞，這是表示原先的個體死亡，產生了新的個體嗎？又或者是原先的個體仍然活著並且有了分身呢？

「死」究竟是什麼呢？對於單細胞生物這種單純的生物來說，「死」並不單純。

當細胞一分為二的時候，並不會留下原先個體死亡的屍體，因為只是原先的個體變成了兩個相同的單細胞生物，沒有留下死亡的個體，那麼就沒有「死亡」。

只是一昧反覆拷貝增加，這樣單純的生物，在生物學當中被認為不具備定義上的「死亡」。

生命是在約三十八億年以前誕生於地球上的。在所有生命都是單細胞生物的時代，生物並沒有「死亡」。

生物開始有「死亡」的降臨，一般認為可能是在大約十億年前左右。在很漫長的一段時間當中，生物都沒有死亡的概念。「死亡」是長達三十八億年的生命歷史當中，由生物自己創造出來的偉大發明。

如果一個生命只能不斷拷貝來增加個體，那麼就無法製造出新的東西，同時還會由於拷貝失誤而發生劣化。因此生物不繼續使用拷貝這種方法，而是選擇了破壞一次，然後重新打造的方式，正可說是破壞與建設。

但是，如果完全破壞掉再重新打造，要恢復成原狀實在太累了，因此生命打造出一種新方法，就是從原本的個體取出遺傳基因帶過去。這就是所謂雄性與雌性的性別由來。也就是在建構出雄性與雌性這種架構的同時，生物就打造出「死亡」這個系統。

在單細胞生物中構造較為複雜的草履蟲，並沒有雄性與雌性這樣明確的「性別」，但是他們會有兩個不同的個體接合在一起，交換遺傳因子之後成為兩個新的個體。

兩個草履蟲接合以後，雖然會變成兩個新的個體，但歷經這個過程誕生的草履蟲，是與原先草履蟲不同的個體，因此這樣便打造出新的草履蟲，也可以認為原先的草履蟲已經死亡。

生命就這樣打造出「死亡」以及「再生」的架構。

單細胞生物不會死亡。但是，那只不過是因為牠們根本沒有壽命可言。

單細胞生物並不會永遠活下去。分身出現的拷貝生物雖然有些會繼續活下去，但對於構造單純的單細胞生物來說，只要有些許水質或者水溫變化就會死亡。而這些死亡的單細胞生物，牠們的屍體就會紛紛落到海底沉積。

在漫長的地球歷史當中，海裡一直下著海洋雪。

日文有句俗話說「灰塵堆久了也能成山」，那些小小的浮游生物屍

體，在漫長的地球歷史當中不斷堆積下去，最後會成為岩石。

有一種名為燧石的岩石，是被稱為放射蟲的小小浮游生物外殼所堆積形成的岩石。另外，石灰岩也是一種叫作有孔蟲的小小浮游生物外殼堆積形成的。

在長遠到令人無法想像的時間長河中，小小浮游生物們的遺骸，打造出地球的大地。為了建構出這些岩石，究竟有多少生命誕生之後又消失了呢？究竟曾經有過多少生命呢？

浮游生物的屍體靜靜地、無聲地下沉。

海洋雪不曾止息、沒有任何人瞧見這光景，它們只是默默地降到黑暗海底。

生命就這樣延續了三十八億年。

15 總是與飢餓戰鬥，抵達食物前的漫長危險道路
——螞蟻

不幸總在某天忽然降臨。

螞蟻的巢穴實在是非常巨大的組織。巢穴當中據說居住了數百隻螞蟻。在巨大的巢穴當中，有些甚至有數十億隻螞蟻，實在驚人，簡直就是一個龐大國家的規模。

在螞蟻的集團當中，有一隻女王以及幾隻雄蟻，而占據了巢穴大部分空間的，則是被稱為工蟻的雌性工作螞蟻。說實在話工蟻實在非常忙

磙，為了要維持如此龐大的集團，牠們就必須離開巢穴去尋找食物。

據說螞蟻為了取得一次食物的移動距離，來回就超過了一百公尺，恐怕牠們還得來來回回這個距離好幾次。

螞蟻的體長大約是一公分左右，因此一百公尺對於螞蟻來說，相當於我們人類感受的十公里左右。而且還要把食物當成貨物來搬運，因此是相當辛苦的勞動。

而且巢穴外面充滿了危險，畢竟要走這麼遠的一段距離，想來也會有很多意想不到的事情，離開巢穴就再也沒回來的夥伴，可以想見不在少數。

有一天，一隻螞蟻像平常一樣踏著輕快的步伐移動牠那六隻腳，正走向食物所在地。螞蟻的步行速度，一秒鐘是十公分，這可是時速三百六十公尺的超高速度。假設螞蟻的身長有一公尺，那就表示是時速約三十六公里左右，這是跟汽車差不多快的速度了。男子賽跑的一百公尺世界紀錄，算起來大概是時速三十七公里左右，加上持久性，工蟻可說是以遠遠超過奧運選手的速度在移動的。

身為工蟻的牠，一溜煙的朝食物所在之處去。

那天，陽光比平常還要強一些，曝晒處簡直像要燒起來似的。只要過了這段路，到食物所在之處應該會有樹蔭。

遠遠已經能看見昨天發現的食物了，再一小段路就到了，牠的步伐也更加輕快了起來。

就在此時，牠覺得腳步似乎踩了個空。這並不是錯覺，原本的地面竟然消失了。

這是在牠以百米選手奔跑的速度移動時發生的事情，食物所在之處就這樣從牠眼前消失了。

看來牠似乎不小心掉進了地面的坑洞。

牠連忙要從斜坡往上爬，但這極細的沙子實在不好爬。牠打算用爪子鉤住地面往上，腳下的沙子卻又崩落，無論如何都無法爬上去。

「是螞蟻地獄！」

她雖然察覺了這件事情，但為時已晚。她竟然一腳踩進了蟻獅那研缽狀的巢穴當中。

蟻獅這種生物在日文當中被稱為螞蟻地獄，是蟻蛉的幼蟲。成蟲蟻蛉有著纖細且具流線形的身形，但是幼蟲蟻獅卻有著大大的尖牙，外型也非常醜陋可怕，讓人完全無法聯想到蟻蛉。蟻獅會在地面上做出研缽形狀的巢穴，潛藏在巢穴深處，若是有螞蟻落進巢穴，便會用尖牙夾住牠們捕食，對於螞蟻來說，這真的就是「地獄」。

一個不小心掉進蟻獅巢穴的牠，雖然拚死要往上爬，但沙子會不斷崩塌，實在沒有那麼容易逃走。

當沙子堆成一座小山的時候，沙子可以穩定不繼續崩落的傾斜面與水平面最大角度被稱為休止角，而其實蟻獅的研缽狀巢穴，就是維持在瀕臨崩落而尚未崩塌的休止角。因此小小的螞蟻只要一踩進來，馬上就會超過臨界點，沙子也會開始坍方。

而且休止角並不是固定的。由於沙子若是潮濕就不容易崩落，因此要讓沙子崩落的臨界點角度就會變大，為此，蟻獅都會配合當時的濕度來細微地調整巢穴的傾斜度。

只要掉到研缽狀的巢穴當中，那就沒戲唱了。螞蟻會拚了命的揮動手腳，但就算往上爬了一點，腳下又會馬上崩落。

不過螞蟻具有能夠讓牠們爬上垂直牆壁的尖銳爪子，因此就算沙子不斷崩落，只要一直挪動腳步，還是有脫離蟻獅巢穴的可能。

拚死掙扎著、挪動著腳步，就在牠快要爬到最上面的那瞬間，忽然從下方飛來大量沙子，蟻獅看見了獵物，搖頭擺腦地用自己的尖牙投擲著沙粒。

好不容易抓到了地面，卻在蟻獅丟來沙子的同時再次崩落。沙子崩落了，螞蟻仍繼續往上爬，爬上去了之後沙子又再次坍方。

不幸總在某天忽然降臨。

「奈落」這個詞在佛教當中指的就是地獄。

那不正是奈落的底部嗎？拚死往上爬的螞蟻，最後仍被蟻獅一把抓住，成了對方的盤中飧。

以哺乳類來說，時間感覺會因個體大小而有所差異，據說大型動物會覺得時間流逝的比較緩慢，而小動物則會覺得時間過得非常快。我們無法想像螞蟻的時間感受，但是螞蟻的身體很小，匆匆忙忙地移動著腳步快速前進，對於螞蟻來說，想必也是拚死掙扎到最後一刻才死亡的吧。但和螞蟻相對而言實在大上許多的我們人類來說，這都只是一瞬之間的事情。

工蟻的壽命大約是一至兩年，但是暴露於危險之下的工蟻，無法享盡天年的卻也非常多。

蟻獅會將尖牙刺進螞蟻的身體當中吸取體液，然後將那乾巴巴的屍體丟到巢穴外面。

雖然蟻獅的巢穴非常可怕，但因為是極為單純的陷阱，因此剛好掉進去的螞蟻並不是那麼多，也有些螞蟻運氣好而五體健在的逃了出來。

蟻獅的生活通常就是與飢餓對抗。雖然牠們的身體結構被打造成能夠抵禦絕食，但如果完全沒有獵物還是會餓死的，對於蟻獅來說，要平安活下去並不簡單。今天這隻蟻獅，可也是幾個月來好不容易才吃到一餐。

蟻獅在成為蟻蛉之後，只能存活幾星期到一個月左右，但是身為幼蟲蟻獅所度過的時間，則因為營養條件不同可能會持續一到三年左右。對於昆蟲來說這段長到可怕的時間，蟻獅一直都在與飢餓戰鬥。

陽光又變強了，今天似乎也非常炎熱呢。

而對於蟻獅來說，牠仍然得繼續過著等待有螞蟻自己掉下來的日子。

16 吃喝拉撒都被服侍好好的女王蟻，晚景淒涼的命運

—白蟻

雖然牠們的名字叫做白蟻，但其實與螞蟻是不一樣的生物。螞蟻在昆蟲當中是屬於進化到比較後期的生物，但白蟻則自三億年前的古生代至今從未改變過樣貌，是被稱為「活化石」的古老型態昆蟲。白蟻被分類在蜚蠊目，牠們並不像是螞蟻，反而比較接近蜚蠊（蟑螂）。

白蟻有一隻雄蟻是王，另外還有一隻女王蟻，除了這一對以外，牠們會與由雌雄構成的工蟻以及兵蟻成為一個聚落。該聚落會因不同種類而在數量上有所差異，有數十萬隻的聚落，也有超過一百萬隻的龐大集

團。

女王蟻的工作就是產卵，除了女王蟻之外的雌蟻都無法產卵。女王蟻每天都會產下大量蟻卵，從那些卵當中孵化的工蟻們，拚死拚活地勞動，為了王國奉獻一切。

當然，女王蟻並不需要自己去找食物，或者打掃房間。工蟻們會餵牠食物，也會幫忙處理房間打掃及排泄物清理等事宜。女王產下的卵所孵出的幼蟲，也是工蟻要負責照料的，女王蟻什麼事情都不需要做，只要產卵就行了。

工蟻只有數年的壽命，但相對地目前已知女王蟻可以活十年以上，甚至也曾經發現過已經活了幾十年的女王蟻，實在非常厲害。昆蟲的壽命大多在一年以內，因此白蟻的女王蟻可以說幾乎是最為長壽的昆蟲了。

說老實話，由於女王蟻為了要產下大量的卵，牠們的腹部非常發達，身體很沉重，根本也無法活蹦亂跳。但這完全不是問題，因為牠身邊的大小事情，全部都會有工蟻幫忙處理，確實是可以稱為與女王身分相襯的高貴優雅生活。

一隻女王蟻每天會產下幾百個卵，而且全年無休每天都會產卵。單純的計算一下，這表示牠一年會生下好幾萬隻工蟻。於是女王生下的工蟻們，就這樣打造出一個巨大的王國。

像白蟻這樣會決定好角色分配執行工作的生物，被稱為「真社會性動物」。工蟻單純只為了巢穴執行工作，兵蟻則只負責守衛巢穴，而女王蟻則只被賦予了產卵的工作。

一隻生物要同時做到保護巢穴、尋獲餌食、留下子孫這些工作實在非常辛苦。若是沒能保護好巢穴就會死亡，沒有找到食物也會死亡。當然，若是沒能留下子孫，那麼自己的血緣就會斷絕。因此像白蟻這樣具有社會性的動物，就會選擇發展出打造一個巨大的集團，分配各自工作來保護集團的戰略，牠們的目標不是個人事業，而是有組織的大型企業。

但是有一件非常不可思議的事情。

對於所有生物來說，留下子孫、將自己的遺傳因子傳遞到下一個世代是非常重要的。然而為何工蟻們卻沒有留下自己的子孫，而遵從著為巢穴盡力工作的使命呢？

女王蟻所生下的工蟻們，全部都是與自己血源相同、擁有同樣遺傳基因的兄弟姊妹，而這群兄弟姊妹們一同建構了一個巨大的王國。也就是說，維護兄弟姊妹共同打造的巢穴，就是保護與自己共享遺傳基因的白蟻。之後自己的兄弟姊妹之間如果有新的王以及女王誕生的時候，生下來的孩子們也是自己的姪子或外甥。也就是說，繼承了自己遺傳基因的外甥或姪子會繼續傳宗接代，並不一定要自己留下子孫，才能延續遺傳基因。保護兄弟姊妹，結果上來說還是能夠留下自己的遺傳基因，因此工蟻們會默默地工作下去。

一般來說白蟻會在房屋地基處等腐朽的木料當中打造巢穴，並且將木材作為食物，因此白蟻的工蟻們在此立基於朽木當中的王國能夠安心工作。

但是這樣的生活有一個問題。

畢竟住在木頭當中卻又吃周遭的木材，要是把房間的牆壁和天花板都吃光了，那麼可就沒房間能住啦。因此白蟻就必須從其他地方搬來木材，在原先的居所打造新的房間，若是舊房間全部吃乾抹淨了，那就得移動到新房屋去。

工蟻能夠輕鬆用自己的腳來移動，但是女王蟻沒有辦法，頂著巨大腹部的女王蟻，根本無法自行移動，女王蟻必須要由工蟻們來搬運才行。

但是這個時候，女王蟻將面臨一件可怕的事情。

雖然說是「女王」，但她並沒有對工蟻下命令的權力，工蟻們是為了自己而照顧女王蟻的，要不要帶走女王蟻，會由工蟻們自行判斷。

若工蟻對女王蟻來說是工作機器的話，那麼對工蟻來說，女王蟻也不過是產卵的機器罷了，女王的價值就只在於產卵而已。

在白蟻的巢穴當中，有一個為了避免女王蟻死亡而存在的副女王蟻。如果是產卵能力非常高的女王，那麼工蟻們理所當然地會帶著女王到新家去。但是，若女王被判斷產卵能力低下，那麼工蟻們就不會打算搬運女王，也就是被刻上沒有運送價值的烙印，而副女王蟻就會坐上新女王的大位，王國就好像沒有發生什麼大事般的延續下去。

工蟻們不曾休息，會一直照顧女王，女王蟻未曾停歇而持續產卵。不斷工作的工蟻與不斷產卵的女王蟻。究竟是誰被迫工作呢？

對於年紀漸長、產卵能力開始下降的女王蟻，工蟻們將不屑一顧、毫無懸念的捨棄女王。

或許君臨女王地位的女王蟻，也曾憐憫看待工蟻們。但事到如今，工蟻們卻絲毫不憐惜年老的女王，就這樣拋下她離去。

為了產卵而生、不斷產卵的女王蟻……

她無法行走。沒有其他白蟻搬運的話，她就無法移動。但是不會再有工蟻回到此處，也沒有工蟻會搬食物來給她。在這產下許多孩子、充滿回憶的古老房子裡，就只留下她一人。

這就是身為女王的她的最後一段時光。

17
在戰鬥中生存、在戰鬥中死去，為戰而生的複製軍團
━ 士兵蚜蟲

「她為了戰鬥而生。
她是一名戰士。
她為了戰鬥而生。
她在戰鬥中生存、在戰鬥中死去。那就是她被賦予的命運。」

如果這個故事是一部電影，想必開頭的旁白就是這樣的吧。

她就是士兵蚜蟲。會特地稱呼為「她」，是因為所有士兵蚜蟲都是雌的。

所謂士兵蚜蟲，並非蚜蟲的種類。

應該不少人知道，在螞蟻或者白蟻當中，為了保護巢穴，有被稱為兵蟻的戰鬥用工蟻，士兵蚜蟲也是這種情況。在蚜蟲當中也有一些會像螞蟻或者白蟻一樣群聚，成為一個集團一起生活的品種，當中就會出現像是兵蟻那樣的戰鬥用個體，而這些戰鬥用個體，就被稱為士兵蚜蟲。這些士兵蚜蟲，是為了戰鬥而出生的。

蚜蟲的種類據說有四千種以上，當中大約有五十種上下擁有士兵蚜蟲這個階級。

話又說回來，士兵蚜蟲是背負著坎坷命運的存在。

螞蟻或者白蟻的兵蟻，在幼小的時候會和其他工蟻一樣被養大，等到長為成蟲以後才會去執行牠們兵蟻的工作。

但是士兵蚜蟲卻不是這樣，她們一出生就是能夠上場作戰的士兵。

她們在出生的時候就被賦予了武器，那就是能夠穿透厚實皮膚的口針，針上附有毒藥，只要用自己的口針刺下去，就能夠打倒敵人。她們便是如此守護自己的群體、防禦那些以蚜蟲為餌食的天敵昆蟲。

不僅如此，她們全部都是少女士兵。普通的蚜蟲自卵中孵化以後，會從一齡幼蟲開始反覆脫皮，最後才會長為成蟲。然而士兵蚜蟲會維持一齡幼蟲的型態，並不會成長，牠們並未具備成長的機能。

對於昆蟲來說，「成蟲」是為了留下子孫而必須要有的繁殖世代。而士兵蚜蟲被賦予的使命，是保護其他蚜蟲。對於為了戰鬥而生的她們來說，既然不需要產下子孫，那麼也不必成長。

因此牠們會以幼蟲的樣貌持續作戰、並以幼蟲的樣貌死去。她們是幼小的少女兵，有著必須永遠站在最前線反覆特攻的命運。

一般的蚜蟲壽命大概是一個月左右，以蚜蟲為目標的蚜蟲天敵非常多，必須經常面臨危險戰鬥的士兵蚜蟲壽命並不是非常明確，但恐怕能享盡天年的士兵並不多。

在《星際大戰》等科幻電影當中，曾經出現以複製方式量產的複製人士兵。非常令人驚訝的是，士兵蚜蟲其實就是存在於現實生活中的複製士兵。

雌蚜蟲可以生下與自己擁有相同基因的複製孩子。以這種方式生下來的幼蟲，有一些會成為普通的蚜蟲，最後長大成為成蟲，而有一些則是一開始就注定要成為戰鬥用士兵而出生的。

雖然是繼承了相同遺傳基因的姊妹，但有些卻背負了一出生就必須以士兵身分作戰的宿命。

所謂的複製，就是在遺傳性質上完全相同的拷貝，同時也是母親的分身。

雖然是一樣的複製蟲，卻是以保護母親的士兵身分出生的幼蟲們，她們也不曾成長，就以幼蟲的姿態死去，這是多麼可悲的命運啊。

蚜蟲即使只與其他昆蟲比較，也是非常弱小的存在。像灰蝶、草蛉的幼蟲，或者瓢蟲等，這類以蚜蟲為餌食的昆蟲非常多。無論怎麼多生一些增加數量，還是會接二連三被吃掉。

但若是有士兵蚜蟲犧牲自己去作戰，那麼就能夠救下一些同伴的性命。就算她們自己無法產下子孫，只要能夠保護擁有相同基因的夥伴，那麼自己的遺傳基因還是能夠保留下去。

因此士兵蚜蟲會為了同伴作戰。

既是擁有相同基因的複製蟲，那麼究竟是如何打造出戰鬥用的幼蟲呢？目前這個機制仍然是個謎題。

以剛出生的一齡幼蟲之姿作戰的她們，小小的身體還不滿一公厘長。就算那些襲擊蚜蟲的昆蟲們也不過幾公分大，但對於士兵蚜蟲來說可還是大太多了。而她們卻要飛撲到那麼大的昆蟲身上，用口針刺進對方的身體。當然，天敵昆蟲一定會拚了命地要把士兵蚜蟲從身上甩掉。士兵蚜蟲的戰鬥方式，實在是過於不要命，也是非常有勇無謀的戰鬥方式。

但是對於她們來說，戰死也許正是她們的希望。所謂戰鬥，並不是像電影或者遊戲的世界那樣帥氣，也一點都不美麗。所謂戰鬥，就是互相殘殺。是賭上性命的殘殺，就算對於那只是小小昆蟲的蚜蟲來說，也是一樣的。

說起牠們是為了保護集團而生的士兵，聽起來似乎令人覺得非常殘酷。但其實在我們的身體當中，也有類似的事情。

我們的身體原本是單一個受精卵，也就是單細胞生物。這單一個細胞不斷進行細胞分裂，然後打造出五花八門的器官。而這將近六十兆個細胞，就這樣分工合作建立起一個生命體。

舉例來說，血液中的白血球會將侵入體內的細菌或者病毒包裹到自己的身體當中來殺死對方，然後它們自己也會慢慢死去。白血球在我們大量的細胞當中，就是為了作戰而生的防禦細胞，傷口上會有膿，就是戰鬥後死去的白血球殘骸。

也許大家會覺得那就是白血球的工作啊，但白血球並不是沒有生命的東西。它們與其他細胞一樣，是一個活生生的細胞。如果說我們最一開始就是受精卵這單一個細胞的話，那麼作戰後死去的白血球，也可以說是我們的分身。

我們的身體，在白血球的守護下，其他細胞可以悠哉地活下去，而我們的身體也能保持健康。

而在蚜蟲的世界當中，士兵蚜蟲們保護著大家，蚜蟲的聚落今天也非常和平。

生命非常尊貴，同時又是如此殘酷。

18 在冬季將臨前出現，與冬季共存亡的「雪蟲」

—綿蚜

秋天是感傷的季節。

當秋季漸深，就會讓人感受到冬季前線。

但是冬天過後春季又將來臨。正因為有冬天，才能令人感受到春天溫暖的喜悅。

能夠悠哉說出這種話的，恐怕只有人類吧。

對於生活在大自然當中的生物們來說，無法確保自己能夠度過凜冽嚴冬迎接春天，有許多生命在迎接春天之前便已經失去性命。

不，如果是有機會能夠過冬的生物還算是比較幸運的。其實能夠體會春夏秋冬四季的生命並不是那麼多。昆蟲等大多數生命都在一年以內，幾乎都無法撐過冬季，會在冬季將臨之時便死去。

在冬季，大多數生物會死絕。

但是也有種生物彷彿是告知冬季降臨的當季景色，並且為人所熟知。這個生物，由於井上靖用來作為描寫自己幼年時代自傳小說的標題而為日本人所熟知，「雪蟲」就是這種蟲子的名稱，小說《雪蟲》當中，描寫著這樣的景色。

「那是距今四十幾年前的事情了，一到傍晚，村裡的孩子們一定會喊著『雪蟲、雪蟲』，在家門前街道奔來跑去，追逐著那些在剛入黃昏的空氣當中，彷彿棉絮般飛舞，在空中浮游的白色小小生物玩耍。」

日文原先把這種蟲稱為「しろばんば」，是指白色老婆婆的意思。看起來像是老婆婆白髮、在空中飄盪的，其實是蚜蟲的夥伴，一種叫做綿蚜的生物。

綿蚜一般被稱為雪蟲，會有這樣的名字，是因為牠們就像雪花一般在空中飛舞。在日本也有些不同的地方，會用「雪子」或者「雪螢」等浪漫的名字來稱呼牠們。

看起來像雪花的綿蚜，其實是將一種白色蠟狀物質像棉花一樣包覆在身上，因此看起來是白色的。

綿蚜飛舞的樣子，看起來真的非常像雪花紛飛。綿蚜為了飛行，因此的確是有翅膀，但牠們的飛翔力量很弱，看起來還比較像是輕飄飄的棉絮乘風飛舞，真的就像是雪花妖精一樣。

話雖如此，告知冬季來臨的雪蟲，為什麼會在雪花飛舞的時節忽然現身呢？

綿蚜是蚜蟲的夥伴。

蚜蟲通常不具備移動用的翅膀。

蚜蟲的夥伴就算沒有雄性的存在，也可以只憑藉著雌性的複製能力「單性生殖」產下子孫，如此就能生下複製蟲來增加數量，而且牠們並不會產卵，而是讓卵直接在體內孵化，產下小蟲。由於是複製蟲，因此理所當然生下來的也全都是雌蟲。這些雌蟲也會生下複製雌蟲，不斷增加自己的複製蟲，因此蚜蟲的數量會在春季到秋季的期間爆發性成長。

這樣以複製蟲的方式增加，的確是很有效率，但是有個問題。以複製方式增加的個體，由於是全部擁有相同性質的集團，因此若是環境不合，就有全體滅亡的危險。因此就算是效率不佳，還是有必要讓雌雄交配，留下基因多樣化的子孫。

被稱為雪蟲的蚜蟲有很多種，不過最具代表性的雪蟲就是椴松根大綿蟲（Prociphilus oriens），秋季結束之時，有翅膀的雌蟲會出生，就是這些雌蟲會在空中飛舞移動。這些雌蟲會生下雌蟲與雄蟲，而生下來的雌蟲與雄蟲就會互相交配，產下能夠活過冬季的蟲卵。蚜蟲便是如

此在春季到秋季以複製的方式，高效率大量增加，而在秋季結束的時候以翅膀移動，同時採取兩個戰略，一邊將分布的位置拓展到新環境，同時也為了適應新的環境，而留下基因多樣化的子孫。

綿蚜和其他蚜蟲一樣，一到了秋季結束就會振翅飛翔，牠們像雪花般飛舞，尋找著自己的另一半。

出生就有翅膀的雌蟲，並不認識夏季，但牠們是為了戀愛而出生的，秋季的尾聲，就是蚜蟲們短短的戀愛季節。

在冬季來訪的前哨出現的雪蟲，於冬季降臨時便會死亡，牠們的生命非常短暫。雪蟲們的性命，就像初雪一般虛無縹緲。

雪蟲們是非常弱小的存在，如果用手一把抓住了在空中飛舞的雪蟲，牠們會因為人類的體溫而變得非常虛弱。被風吹跑的雪蟲們，若是撞上了汽車擋風玻璃，就再也無法飛翔，只能在玻璃上頭結束自己的一生。

真的是非常虛幻的生命。

是誰為牠們取了雪蟲這個名字呢？

牠們的性命確實就像雪花融解一般，靜靜地消失在空中。

堀口大學的詩當中，有一篇〈老雪〉是將自己比喻為春天將近而逐漸化去的積雪。

北國三月已過半
雪老漸消瘦
褪色　失香
正是吾自身樣貌
不得見花開　而逝

只要積雪融化，新生命誕生的春季便會降臨。但是，雪蟲無法見到春季。

生於秋末、在冬初便死亡的雪蟲們，只認識冬天這個季節。

即使如此，等到春天降臨，雪蟲們的卵想必就會一起孵化出許多新生命。

但是，雪蟲們卻無法見到那個春天。

19 地底下的老妖，不會老化的奇妙生物

─裸鼴鼠

這種老鼠在日文當中的名字非常奇妙。

牠們被稱為裸門牙老鼠，也就是身體裸露、門牙很顯眼的老鼠。

怎麼會叫做這種名字呢？

但看見牠們的樣子就會覺得，會取這種名字也是想當然爾。

裸鼴（ㄧㄢˇ）鼠會在地面下挖掘隧道，以植物的根為食物過活。由於隧道當中的溫度非常穩定，因此保溫用的體毛逐漸退化、另外推測牠們為了能夠閉著嘴巴挖隧道，因此演化為牙齒在嘴巴外的構造。

人類直到二十世紀後半才發現這種生物。裸鼴鼠在東非乾燥地區的地下生活，於此之前都不曾出現在人類的面前。

雖然牠們的謎團還有很多，但在發現牠們之後沒多久，隨著研究的進展，逐漸明白牠們是非常奇妙的哺乳類。

以老鼠的同伴來說，牠們的長相實在非常奇妙，但牠們的生態更是奇特。

其實裸鼴鼠雖然是哺乳類，但牠們的生態卻與在地裡生活的昆蟲螞蟻非常相似。

在螞蟻的巢穴當中，有產卵的女王蟻、照料整個巢穴的工蟻、保護巢穴的兵蟻等，牠們會分工合作。而裸鼴鼠也是一樣，牠們與螞蟻相同，會在地裡建構一個聚落，除了負責生產孩子的一隻繁殖用母裸鼴鼠女王、少數負責繁殖的公裸鼴鼠以外，其他不管是公母，生殖器官都非常不發達，並不會留下子孫，只負責擔任士兵以及勞動者的工作，實在是非常奇妙的哺乳類。

這種將族群當中區分為負責繁殖的個體，以及不進行繁殖工作個體的性質，稱為「真社會性」。在昆蟲當中除了螞蟻以外，蜂類以及蜜蜂等也都具備這樣的性質，但是對於在進化路上與昆蟲走向完全不同方向的哺乳類來說，這是非常稀有的情況。

說老實話，身為哺乳類的裸鼴鼠，當然也有與螞蟻或白蟻相異之處。螞蟻和白蟻可以留下複製昆蟲子孫，但是哺乳類無法打造複製的自己。另外，螞蟻和白蟻能夠一天就產下數十到數百個蟲卵，但是裸鼴鼠的懷孕期間要兩個多月，和其他老鼠類一樣，一次大約能產下十隻左右。

另外，裸鼴鼠並不像螞蟻或者白蟻那樣，有明確的階級制度。不管是哪隻母裸鼴鼠都有資格成為女王、任何一隻公裸鼴鼠都有可能成為王。因此女王為了維護群體的秩序，必須經常在巢穴中巡視，分泌自己的費洛蒙，抑制勞動者的繁殖行為，牠不允許有任何裸鼴鼠謀反。

再來就是被稱為勞動者的個體，牠們並非一出生就是勞動者。據說勞動者要吃下女王的糞便以後才會獲得母性，之後就能夠養育女王產下的孩子。

不僅如此，裸鼴鼠還有更令人感到不可思議的地方。

最令人感到驚訝的，就是牠們並沒有老化現象。因此也有人期待，若能夠分析出牠們的生態，那麼就有可能實現不老長壽。

不過話說回來，由於裸鼴鼠沒有長毛，因此牠們有著皺巴巴的皮膚，不管年齡多少都看起來老態龍鍾。一般都說年輕的時候就長了一副老臉的人，在年紀漸增之後長相也不會有所改變，但看起來十分蒼老的裸鼴鼠是真的不會老化。

「不會老化」給人一種很不可思議的感覺，但仔細想想，其實「老化」更加不可思議。

我們一直覺得，年紀漸增以後身體會變得不靈光，應該是理所當然的，但其實並非如此。

確實家電用品和汽車等，使用越久就會變得越舊。

但是人類的身體並非一直使用相同的東西。人類的身體會反覆進行細胞分裂，經常都有新細胞不斷出生。

舉例來說，肌膚細胞只需要一個月就會全部更新。因此，我們的身體會被剛出生的細胞包覆，就像是剛出生的小嬰兒一樣。

但是我們的肌膚不管怎麼看，都不會像小嬰兒那樣光滑細嫩。

這是由於我們的細胞有老化的機制。

原先只會不斷重複進行細胞分裂的單細胞生物，並不會「老化死亡」，但是在單細胞生物進化到多細胞生物的過程當中，生命打造出了「老化死亡」的架構。

「破壞古老的東西、創造出全新的東西。」

這就是創造生命的系統。也就是說，「不會死亡」的單細胞生物是古老版本，而「老化死亡」的生物則是較新、進化較高的種類。

細胞當中的染色體有個稱為端粒的部分。目前已知端粒在細胞每分

裂一次的時候就會變短，據說這就是老化的原因。

端粒是為了讓生物能夠老化死亡而事先準備好的計時器。端粒一次又一次刻畫出走向死亡的倒數。

如果沒有端粒，人類就不會老化，那麼人類或許有可能實現不老不死。

但是生物卻刻意進化出端粒這種東西。

生物在進化的過程當中，會淘汰掉生存中不需要的遺傳資訊，使那些沒有作用的結構退化。如果老化這種機制對於生物是不利的性質，那麼生物應該會將端粒從自己的遺傳因子中拔除，又或者是發展出抑制端粒功能的辦法，這些早就應該實現了。

端粒是生物自己選擇裝在身上的限時裝置。

「老化死亡」是生物自己的希望。

生命為了持續進行世代交替，因此打造出「老化死亡」的架構，但是，裸鼴鼠卻失去了老化這個機制。

就像是海豚的腳退化了、鼴鼠的眼睛退化了、人類的尾巴退化了，裸鼴鼠則是讓老化這個生物根本性質退化了。

裸鼴鼠會讓「老化」這個機制退化，因此獲得不老長壽的理由並不明確。

不過，有可供推測的原因。裸鼴鼠為了在餌食稀少的乾燥地帶存活，因此在地下挖掘隧道生活。牠們打造出一個群體，並分工為生下孩子的繁殖母體、保護巢穴的士兵、收集餌食及照顧巢穴的勞動者，藉此在嚴苛的環境中活下去。像螞蟻或白蟻這類打造出分工社會的昆蟲，負責繁殖的母體會比較長壽。裸鼴鼠是否也為了要多增加一些子孫，因此負責繁殖的母體也變得比較長壽？

那麼，裸鼴鼠的勞動者為何不會老化呢？

負責繁殖的母體接二連三產下孩子，在集團擴大以後，構成群體的勞動者們，全部都是由同一隻繁殖母親生下來的兄弟姊妹。

一般來說，動物產下孩子以後，那個孩子會再生下後代，一邊進行世代交替一邊增加群體數量，這樣一來新的個體就會繼承遺傳因子，就不需要古老的個體了，因此古老的個體會老化死去。

但是，裸鼴鼠生下來的孩子全部都是勞動者，無法生下自己的孩子，因此也不會進行世代交替。既然裸鼴鼠的繁殖方法是增加兄弟姊妹，那麼古老的個體就不需要死去。或者該說，古老的個體就讓牠們和新的兄弟姊妹一起為了巢穴工作，這樣可以壯大集團、也能成為集團的力量，裸鼴鼠可能是因此而不會老化且長生。

話雖如此，所有哺乳類都會老化，因此牠們不會老化的性質真的很不可思議。裸鼴鼠的壽命目前並不明確。先前曾經確認有活超過三十年的長壽個體，而老鼠的同類大約壽命都是幾年而已，因此三十年幾乎可以說是活得久到彷彿不老長壽了。

另外，牠們也非常不容易生病，身體結構很不容易罹癌，實在令人羨慕。

但話說回來，裸鼴鼠雖然不會有老化現象，但這不表示牠們不會死亡。

一般來說哺乳類只要年歲漸增，就會出現老化現象，身體變得虛弱、越來越容易生病、死亡率也會變高。但是裸鼴鼠的死亡率卻與牠們的年紀無關，而是固定的。

這就是為何裸鼴鼠會被說是不老長壽，而非不老不死。

雖然不容易生病，但並非永遠不會生病。另外，在大自然當中可能會受傷或者發生意外。不會老化、也不會因衰老而死的裸鼴鼠，牠們的生命盡頭總是疾病或者重傷，牠們並沒有衰老至死的安穩選項。

不過，牠們似乎不會因為年紀的關係而發生身體衰弱、或者容易發生意外、容易生病等情況。不管是年輕的個體、還是年長的個體，牠們發生意外死亡、或者生病死去的比例是一定的。

就算不會老，也經常與死亡相伴。

就只是這樣罷了。

20 悲慘上班族，晚年才被交付採集花蜜的危險任務

━ 蜜蜂

據說蜜蜂花費一輩子拚命再拚命地工作，才能夠收集到一湯匙量的蜂蜜。

這是多麼令人心疼的生涯哪。

工蜂就是為了工作而生的。

蜜蜂的世界是個階級社會。在蜜蜂的巢穴當中，有一隻女王蜂和數萬隻工蜂。女王蜂生下來的工蜂全部都是雌蜂，這數萬隻工蜂並沒有能

夠留下自己子孫的身體機能，牠們為了集團而工作，就此老死。

在蜜蜂的世界當中，牠們會從大量出生的幼蜂當中，挑選出將成為女王的蜜蜂。選拔的詳細過程我們並不清楚，不過被選上的幼蟲會被餵食一種叫做蜂王乳的特別飼料長大，最後會長到體長大約十五到二十公厘成為女王蜂，比起一般十二到十四公厘的工蜂大上許多，而女王會產卵來增加子孫。

對於工蜂來說，巢中的大量同伴都是同一位女王蜂生下來的姊妹。由於姐妹們都是從母親那裡繼承了遺傳因子，因此保護同伴就等於保護自己的遺傳因子，所以牠們願意為了巢穴的夥伴們工作。

而女王蜂也是從姊妹當中挑選出來的，因此接下來出生的世代，對於工蜂們來說就是自己的姪兒。就算沒有親自留下子孫，自己的遺傳基因仍然會傳承下去。

吃著蜂王乳長大的女王蜂可以活好幾年，相對於此，工蜂的壽命幾乎只有一個多月。而在這段時間之內，工蜂們會拚了命地不斷工作。

提到工蜂，一般人腦中都會浮現牠們在花叢之間移動、收集花蜜的樣子，但其實工蜂的工作不只這一項。

長大轉為成蟲的工蜂，被賦予的第一項工作其實是內勤。工蜂在最一開始要做的是打掃巢穴內部，以及照顧幼蟲。

之後工蜂還會去建造巢穴、管理收集來的花蜜等，被交付這些責任重大的工作。這個時候大概可以說是工蜂菁英生命中最為閃耀輝煌的一段日子。

等到年老力衰、生命即將走向盡頭之時……

過了中年期的蜜蜂們被賦予的，是充滿危險的工作。

剛開始被交代的是負責在巢穴外頭保護花蜜。對於蜜蜂來說，巢穴外面是極其危險的場所，雖然只是在出入口附近，但只要出了巢穴，就是一份伴隨緊張感的工作。

而工蜂在職涯最後的最後被交付的工作，正是在花叢間來回、收集花蜜的外勤工作。

工蜂的壽命只有一個多月。而其生涯後半大約兩週左右的時間，就是牠們在花間徘徊的時間。

牠們會飛向未曾見過的世界，但是巢穴外頭充滿了危險，有蜘蛛、青蛙等各種天敵虎視眈眈，可能會被強風吹走，又或者在雨中淋濕。

收集花蜜的工作經常與死亡相伴，隨時都可能丟了小命。只要一離開巢穴，是無法保證能夠平安回來的。

對於工蜂們來說，牠們是抱持著必死的決心，起身飛向那危險的世界。

有些工蜂能夠平安回巢，當然也有些就此消失，這是蜜蜂的日常生活。

這麼嚴苛的工作，當然不能交給沒什麼經驗的蜜蜂，這種時候才該是經驗豐富的老手展現自己力量的時刻。那些已年老而沒剩多少時間的蜜蜂，這時候仍有能為巢穴出力的事情，牠們最後的工作，就是為了夥伴們、為了下一個世代，擔任最危險的任務。

年老的蜜蜂辛勤的在花間穿梭，收集到花蜜及花粉就帶回巢穴當中，然後再次飛向那危險的地面。

牠們不會休息，就這樣日以繼夜的反覆做這件事情。

但是忙得暈頭轉向的日子也終將結束。

明知危險仍緊咬牙關飛出巢穴的工蜂，會在遠方某處離世，也許是在花田當中，也可能不是。

蜜蜂的巢穴是由幾萬隻工蜂構成的，每天想必都有數量令人感到震驚的工蜂，在某處死亡吧？但是沒有關係，女王蜂每天會產下數千個卵，於是又有數量驚人的全新工蜂現身。

一隻蜜蜂會拚命再拚命的工作，才能夠收集到一湯匙量的蜂蜜。

話說回來，勞動時間長、不曾休息、不斷工作的日本上班族，被其他國家的人戲稱為「工蜂」。

而日本上班族的生涯收入平均是兩億五千萬日圓，上億金額看似是筆大錢，但若是把鈔票捆一捆，隨便一張辦公桌都能輕易擺滿，要是有個大一點的波士頓包，甚至還能帶著走。

我們一生辛勤工作不過如此，實在也無法嘲笑蜜蜂不過就收集那一湯匙的蜂蜜。

21 不顧危險穿越馬路，爬到世界盡頭的月光使者

蟾蜍

有些道路旁會標示著「注意蛙類」。

到了夜晚，會有大量的蟾蜍橫跨馬路，為了避免駕駛輾過蟾蜍，所以才會有這種道路標示。

話說回來，為何蟾蜍們會冒著生命危險穿越馬路呢？

青蛙一般會給人棲息在水邊的印象，不過極為相似的蟾蜍平常是棲息在森林當中或草原等陸地上。但是，身為幼體的蝌蚪卻必須要生活在

池子等水中才行。因此蟾蜍為了產卵，會以遠方的池子為目標移動。蟾蜍要生存下去，就必須要在森林與池子兩種環境都非常完好的豐富大自然環境。

蟾蜍的目標是自己出生故鄉的池子。在池子裡出生的蟾蜍，由蝌蚪長成小蟾蜍以後就會一起離開池子、往森林中移動，然後在森林裡長成大蟾蜍。之後就像鮭魚或鱒魚會回到自己出生的河流一樣，這些長大的蟾蜍會朝著故鄉的池子邁進。不過鮭魚和鱒魚一輩子只會旅行一次，但蟾蜍每年都會在森林與池子之間往返。

蟾蜍在大自然中的壽命並不明確，不過據

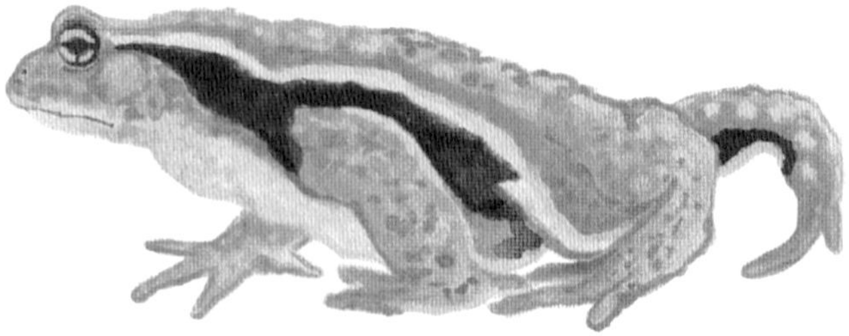

說應該有十年以上。

能見到蟾蜍移動的時節大約是春初。

蟾蜍在早春時期就會從冬眠中甦醒，然後開始朝水邊走去。

蟾蜍雖然是青蛙的同類，但他們又被稱為「蛤蟆」來與「青蛙」有所區別。蛤蟆並不會像其他青蛙那樣噗咚噗咚跳來跳去，牠們只會移動兩雙腳在地面上緩緩地行走移動。

蟾蜍總是在夜晚移動，濕度高又溫暖的夜晚，似乎非常適合牠們產卵。

非常不可思議的是，滿月的夜晚似乎就是蟾蜍的產卵高峰期，或許是因為如此，古代人認為滿月當中棲息著蟾蜍。

在淡淡月光照耀的地面上爬行的蛤蟆姿態，看起來似乎令人有些毛骨悚然，卻又帶著神秘感。不知是否因為如此，從前的人們認為蟾蜍能夠爬到世界的盡頭，他們甚至為此感動，而把這件事情寫成了詩歌。

在《萬葉集》當中也有與蟾蜍相關的詩歌。

光輝照耀　日月之下
直至那　天雲盡頭
多邇具久　翻山越嶺　皆在治下　錦繡山河

（山上憶良）

多邇具久指的就是蟾蜍。這首歌的內容是表示「在太陽與月光照射之處，直到天上雲朵的盡頭，以及蟾蜍所能爬到的任何地方，都是天皇統治的美麗國家」。

另外《萬葉集》當中還有這樣一首歌。

山彥之　傳言遍及

多邇具久　翻山越嶺
凡國貌　皆已遍見
冬日後　待得春日
如飛鳥　快快歸回

（高橋虫麻呂）

這是藤原宇合被任命為監督九州全境軍事的「西海節度使」時的送別歌，意思是「等到山彥（日本傳說的山精）的回聲傳遍各地，蟾蜍也已爬過所有國家，看過那些國家的樣子了，在冬季過後春天時節，你就像飛鳥回巢一般快快回來吧」。

如上所述，古人認為蟾蜍會到處爬行。

實際上牠們的確是會走上幾十公里，因此說牠們會走到世界盡頭的古人，想來也不是空口說大話。

蟾蜍就這樣不斷走著，漫長旅途的目的地是他們出生故鄉的池子。

但時代已經變了，現在可不是那個優雅的萬葉時代。

即使如此，蟾蜍還是和從前一樣會長距離步行，可是現代蟾蜍們的前進路線卻被道路截斷了。當然，即使如此，蟾蜍也不會改變，牠們就像從前一樣，一點也不在乎道路什麼的，仍然會穿越道路繼續前進。因為那是從萬葉時代起，不，可能是更久之前起，牠們就已經繼承的儀式。

每年、每年，在春初的時候蟾蜍就會朝著池子前進。

往來於森林及池子之間的生活，是牠們從好幾代以前、幾時代、幾百代甚至幾千代之前的祖先繼承下來的。因此不管有什麼阻礙，牠們都會朝著出生的池子前進。

話雖如此，車輛往來的道路對緩緩前進的蟾蜍來說實在太危險了。

車頭燈照向黑暗道路的瞬間，浮現出無數蟾蜍們的姿態，猛然急剎停下的輪胎就這樣擦過蟾蜍身旁。

但蟾蜍並不會因此膽怯，牠們也不會避開、或者逃走，仍然一心一意地朝著故鄉池子邁進。對於蟾蜍們來說，牠們的腦袋裡就只有前方那個池子而已。

才剛走了一輛車子，下一輛車的車頭燈又閃了過來，就算車子驚險地避開了，接下來又有另一輛車的車頭燈照亮路面。

啪滋。

似乎有一隻蟾蜍被車子輾過。

被壓爛的內臟從蟾蜍的大嘴巴裡吐出，散落在地面上。

牠走了多少路來到這裡呢？到池子究竟還有多少距離呢？

無論如何，牠的生命就在此打上句點。

這兒只留下月光，一切都結束了。

22 一生只住一個地方，不曾離開蓑衣的母蟲

蓑蛾（大避債蛾）

那是在我去探訪某座小島時發生的事。

那是個繞行一圈也只要花上半天時間的小島，而居住在那島上的一位老奶奶所說的話，卻讓身為旅行者的我感到大為訝異。

實在令人驚訝，那位老奶奶從出生以後就未曾離開那座島嶼。而對於那總是定期發船前來小島的港口市鎮，奶奶則稱那裡為本土。

老奶奶出生在這座小小島嶼上，也打算在這座島上終老一生。對於老奶奶來說，那座小島就是整個世界。

聽了老奶奶的故事，不知為何我想起了蓑（ㄙㄨㄛ）蛾。

蓑蛾在日文當中有個別名是「鬼之子」。

蓑蛾是被惡鬼拋棄的孩子，因此身上穿著非常粗糙的蓑衣。而拋棄牠們的鬼說，當秋風吹起之際我就會來接你，在那之前你要乖乖在這裡等喔。因此秋風吹起時，蓑蛾就會鳴叫著「Chichiyo、Chichiyo」，悲戚思念著牠們的父親（日文中呼喚自己的父親為「Chichi」）。

但實際上蓑蛾並不會鳴叫。發出「Chichiyo、Chichiyo」聲響的，是蟋蟀的夥伴，一種叫長瓣樹蟋的昆蟲。長瓣樹蟋會在樹上鳴叫，因此以前的人誤以為那是蓑蛾的聲音。

蓑蛾會使用枯枝及枯葉打造巢穴，並且縮在裡面居住。由於這種樣子看起來很像是穿著粗糙的蓑衣，因此才會叫牠們「蓑蛾」。

蓑蛾其實是一種叫做避債蛾的蛾類幼蟲。

身為蛾類幼蟲的毛毛蟲會被鳥類襲擊，因此牠們用枯枝與枯葉做成蓑衣，藏身於當中保護自己。

蓑蛾會一邊保護自己，偶爾從蓑衣裡面探出頭來啃食周遭的葉片，或者把整個上半身都伸出來移動。在冬季之前牠們會將蓑衣固定在枝頭上，在裡面等待冬季過去。

嚴冬過後春季來臨時，蓑蛾就會在蓑衣當中成為蛹，然後蛻化為成蟲，從蓑衣中現身，接下來就會為了尋求另一半而起飛。

但是，會離開蓑衣的只有公的蓑蛾。

母蓑蛾即使到了春天，也不會離開自己的巢穴。牠會在巢穴當中化為蛹，然後長為成蟲，但之後仍然留在巢穴當中。接下來只會伸出頭，以費洛蒙呼喚著長為成蟲的公蓑蛾，持續等著能成為牠另一半的公蓑蛾飛到眼前。

巢穴外面非常危險，只要留在巢穴裡面就是安全的。

即使長為成蟲也仍然留在蛹當中的母蓑蛾，沒有翅膀也沒有腳，樣子看起來就像是蛆一樣。使用翅膀在空中飛翔，會消耗非常多能量。與其長出那種翅膀，還不如讓身體豐滿一些，好能夠產下更多卵。

因此母蓑蛾會在巢中度過牠們大半生涯。

當公蓑蛾找到有母蓑蛾的蓑衣時，牠們就會將腹部放入蓑衣當中，與蓑衣裡的母蓑蛾交尾，事情至此就結束了。公蓑蛾與母蓑蛾彼此不曾看見對方的面孔，只是做完交配這件工作。日本從前在萬葉時代，據說高貴的女性會待在簾子後方，不讓男性看見自己的面孔，看來母蓑蛾就像是平安時代的美女呢。

對於公蓑蛾來說，這是既美麗又優雅的一刻。而在這個儀式結束後，牠們就會死去。

被留在世上的母蓑蛾仍然不會離開蓑衣，牠們就在裡面產卵，然後靜靜地結束牠們的一生。

當幼蟲自蓑衣中出生時，母蓑蛾的遺骸已經完全風乾，掉落到蓑衣之外了，這就是母蓑蛾的最後一幕。

之後幼蟲們會來到蓑衣外頭、伸出絲線垂下，乘風朝著嶄新場所翱翔而去。總有一天這些孩子們也會在某個地方，打造出自己的蓑衣。

從未離開蓑衣的母蓑蛾……

我想起了島嶼上的老奶奶。

對於從未離開小小島嶼的老奶奶來說，人生究竟是什麼呢？

話又說回來，我不禁想著。

我的人生不也十分相似嗎？我在小小的城鎮裡度過大半日子，幾乎不曾離開這小小的島國。雖然偶爾會出國旅行，但也無法得知天下所有事情。我只會見到某些特定的人，生活每天往來於自家與職場之間。我的人生，是否也和母蓑蛾並沒有兩樣呢？

在小小的巢穴當中也是非常幸福的。

母蓑蛾在巢中出生、大半生涯都在巢中度過，也在巢裡結束牠的一生。這樣不是也很好嗎？

到了春天，自卵中孵化的幼蟲們，自蓑衣爬到外頭、垂下絲線乘風飛翔。然後牠們會在全新的土地上打造小小的蓑衣，在裡面終老一生。

即使如此，母蓑蛾應該還是非常幸福的吧。

我是這麼認為。

23 守株待兔，無止盡等待餌食上門的那一天

——人面蜘蛛

這個故事的主角，是一隻雌的人面蜘蛛。

這隻人面蜘蛛在公園一角的某個樹蔭裡張好了網。

牠的母親——那隻母蜘蛛在秋季結束時產完卵就死了，這就是人面蜘蛛的宿命。到了春天，從卵中孵化的小蜘蛛們，會爬到枝頭上、從屁股放出長長的絲線，然後隨著那條線乘著風兒、飛向天空。就像是蒲公英的種子會以纖毛飛向新天地那樣，蜘蛛的孩子們也會在空中移動。

關於牠們旅程的詳細內容，就得要詢問沉默寡言的她才能得知了。

據說蜘蛛的移動距離是一百公尺左右，但也曾經有人觀測到蜘蛛的孩子在幾千公尺的高空中飛翔，因此說不定是像電影那樣的大冒險。

如此來到本地的雌性人面蜘蛛布置好自己的窩以後，便過著獵捕食物的生活。

話雖如此，蜘蛛真是可憐的存在。

張網巡迴、將其他昆蟲當成餌食的蜘蛛，總是被人類當成了壞蛋。

在把昆蟲擬人化，或者將人類變小而跑進昆蟲世界的故事當中，蜘蛛總是兇猛的怪獸。故事中的角色們總是同心協力，拯救不小心被蜘蛛網勾住的昆蟲或者夥伴。就在他將要被蜘蛛吃掉的危急時刻，才好不容易把蜘蛛網扯斷、將他救下，真是可喜可賀。

但是仔細想想，這實在是非常過分。

對於在騷動之後被留在那兒的蜘蛛來說實在非常空虛，好不容易才抓到的獵物竟然跑了，還連重要的家都被破壞殆盡。

蜘蛛總是靜靜等待獵物自己上門。

就算等了一整天，沒有獵物被網子纏住也是理所當然的事情。如果幾天就能夠吃到一餐，那應該就算是非常幸運了。時間長一點可能就得一個月以上毫無進食，只是默默地在那兒等待著。

因此，蜘蛛非常會忍耐絕食，也為了要節省能量而毫不挪動身軀，持續的等待著。

故事主角這隻雌性人面蜘蛛非常孤獨。

一直沒有獵物上門，今天什麼事情都沒發生。第二天也什麼事情都沒有，但是她仍然每天、每天都在等著獵物。

她是孤獨的。

但是，這只是她以為自己孤零零，說到底其實她並不是孤獨的。

在蜘蛛巢中央非常顯眼的，都是雌性的人面蜘蛛。

仔細看看人面蜘蛛的巢穴，會發現母蜘蛛的周遭有幾隻小小的蜘蛛。其實這些都是雄性的人面蜘蛛。成熟的雌性人面蜘蛛，身體大約有兩到三公分長；但是成熟的雄性人面蜘蛛身體大概只有一公分左右。這些小小的公蜘蛛，在小時候會各自張起小小的網子生活，不過到了夏天、長大以後就會聚集到母蜘蛛的巢穴，偷偷住在那兒當起小白臉。

雄性人面蜘蛛會比雌性早一步成熟，具備生殖能力。他們會躲在母蜘蛛的巢穴當中，等到母蜘蛛身體成熟具備生殖能力以後，就會馬上交尾。

等到秋季結束，雌性人面蜘蛛會留下卵，而那些孩子們又會前往空中旅行，這就是蜘蛛的生活史。

但怎麼都沒有獵物上門呢？

人面蜘蛛癡癡地等著。

她並不著急，也不會感到煩躁。

她只是一直等待著。

今天也一事無成。但要是害怕那種事情的話，可就無法以蜘蛛身分

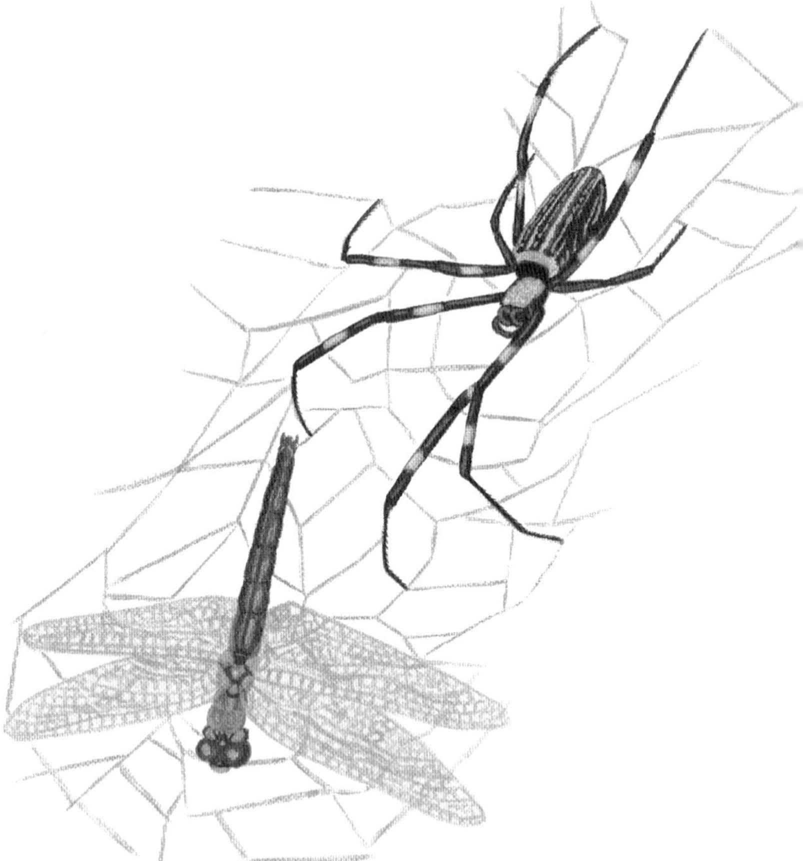

好好活下去了。她能夠做的，就只是不斷等待下去。

明天、後天她也會繼續等下去。

有時會有些能夠成為小小公蜘蛛餌食的微小昆蟲被網子沾附，能夠填飽雄蜘蛛們的肚子，但那種小蟲子可無法餵飽有著巨大身體的她。

已經等了幾天了呢？

在某個安穩的午後……

一隻橫衝直撞的蜻蜓勾住了她的網子。

從絲線的震動感受到有獵物落網，她以迅雷不及掩耳的速度撲向獵物，吐出絲線將蜻蜓團團繞起使牠動彈不得。

明明她應該已經等得不耐煩了，卻仍然有著驚人的瞬間爆發力。

那真是一瞬間內發生的事情。對於飛得好好的蜻蜓來說，正可謂世事難料啊。

對於她來說，實在是難得一頓美食，這當然也是那蜻蜓的最後一幕。

死亡實在是過於簡單，在某天就會突然來到。

對於人面蜘蛛來說，也是一樣的。

對於昆蟲來說非常可怕的蜘蛛，在鳥類眼中也不過是普通的食物。有許多人面蜘蛛被麻雀或者烏鴉攻擊，可是連逃也來不及就成了鳥類的盤中飧。

不管是吃或者被吃的，動物們總是會拚命活下去，這就是大自然界。

正當她享用著獵捕到的蜻蜓，雄蜘蛛們連忙也來到她身邊。對於雌性人面蜘蛛來說，只要會動的東西都是獵物。就算是前來交尾的公蜘蛛，對她來說也不過是獵物罷了。而對於公蜘蛛來說，大意接近母蜘蛛的話，很可能會被吃掉，因此牠們會趁著母蜘蛛一心都放在獵物上的時候，趕緊完成交尾的工作，之後她的腹中就會有新生命。

秋季已近尾聲。

在大多數被鳥類襲擊而失去生命的人面蜘蛛當中，她非常幸運地活了下來。不知是否為了避免其他公蜘蛛來搶走自己的心上人，成為她伴侶的公蜘蛛也還留在巢穴當中。

這莫非就是生命的力量嗎？肚子裡有了新生命的她，身上的條紋花樣變得更加鮮明而耀眼。在秋末冬初的時候，雌性人面蜘蛛就會從巢穴移動到樹幹等處產卵，之後會使用枯葉等物品覆蓋住卵。不知是否因為產卵耗盡力氣，又或者是拚死守護著卵呢？有許多人面蜘蛛就這樣抱著卵死去。

不過產完卵的人面蜘蛛行動並不一定。有些不會回到巢穴，而是就此失蹤。也有些會回到自己的巢穴，將那兒當成最終的歸所。

無論如何，不耐寒冷的人面蜘蛛是無法活過冬季的。

對於產完卵的人面蜘蛛來說，剩下的時間不過就是慢慢回味自己生涯的餘生罷了。

她回到巢穴了。氣溫逐漸下降，冬季已近。

天氣預報正說著，週末就會有第一波寒流。

24 不管是草食或肉食動物，到最後都只是盤中飧

——斑馬與獅子

非常令人驚訝，斑馬的小寶寶只要出生幾個小時內就能夠站起來，再過一會兒便能四下奔跑、到處亂走了。

和人類嬰兒要能夠站起來、搖搖晃晃的行走也得花一年左右的時間相比，斑馬的速度實在太快了。

牠們能夠這麼快就站起來，是因為牠們必須趕緊站起來奔跑，才能活下去。

即使面對剛出生的小寶寶，獅子這類肉食性動物可也不會心軟。牠

們甚至會覺得遇上了不錯的獵物呢，因此襲擊的時候還會特別看準了剛出生的斑馬。

剛出生的斑馬，多數在長大以前就進了肉食性動物的肚子，運氣好逃過幾劫的，才能存活下來。

當然，就算是平安長大了也還不能放心。只要稍微不注意一些，就會成為肉食性動物的盤中飧。只要一個不留心就會丟了性命。當然，腳程慢一些的傢伙，也會因為逃得太慢而被吃掉。

只有那些時時刻刻小心周遭、腳程快的傢伙才能夠活下去。斑馬就是這樣進化而來的。

有些人提到，人類在遙遠的未來可能會進化成什麼樣子。他們說人類頭腦由於非常發達而變得很大，或者因為沒有運動而使手腳變得更細。

但我想應該不會發生那種變化。

只要適合該環境的生物就能活下去，稍有不適合者則會逐漸滅亡，所謂適者生存便是進化的原動力。若是我們處在一個非常嚴苛的時代，只有頭大的人才能存活，而頭小的人就會逐漸死絕，也許人類的頭部的確會開始巨大化。但是人類的世界並非如此，必須要先有嚴苛的生存競爭，才會引發進化。

在斑馬的世界當中，沒有「衰老」這個詞彙。

雖然奔跑能力優異的斑馬沒有那麼容易被獅子獵捕，但只要年歲稍長、奔跑能力有一點點下降，或者身體稍微不適，馬上就會成為獅子的大餐。

對於斑馬來說，沒有所謂的平靜死亡。

獅子雖然會給予倒下的斑馬致命一擊，但也常在牠們還有呼吸的時候就開始享用大餐。被獅子擊倒的斑馬雖然會試圖挪動身體，但獅子卻會吃起牠們活生生的柔軟內臟。

就算是運氣好躲過獅子獵捕，禿鷹也總是聚集在生病或者受傷而非常虛弱的斑馬身旁。等不及斑馬死透的禿鷹們，會在斑馬一息尚存的時候便開始啃起牠們的肉。如果禿鷹們一湧而上，那麼斑馬巨大的身體也轉瞬只剩下幾根骨頭。

不管生平如何，最後都是被啃食而死，這就是斑馬的生存方式。

據說斑馬在動物園當中的壽命是三十年左右，但在野生條件下的壽命就不明確了。斑馬不會衰老，因為牠們在那之前就會被吃掉。

「享盡天年。」

這種幸福的死法，根本不存在於斑馬的世界當中。

獅子被稱為百獸之王。

獅子每天、每天都會去襲擊斑馬們。

就算獵捕到斑馬而覺得滿意，仍然非常悲傷。雖然被稱為百獸之王，牠們還是會肚子餓。

襲擊斑馬的是母獅子，強壯的公獅子必須保護族群、確保獵捕食物的領地。也就是母獅子們會在牠的保護下，採取群體狩獵的方式獵捕斑馬等動物。

但斑馬也不是省油的燈，要捕捉到盡全力奔跑的斑馬群，對於獅子來說也不是那麼簡單，事實上牠們挺常失敗的。

草食動物為了要保護自己而採用各種進化方式。對於獅子來說，大象或者犀牛這類動物，若是還小也能當成食物，但牠們也無法應付長大的這類動物。如果被成熟的大象或者犀牛發現蹤影、遭到反擊的話，死的很有可能是獅子。

對於野牛或者牛羚等牛科的草食動物們來說，牠們選擇的是使頭上的角更加發達，藉此來恫嚇獅子。獅子們雖然會去攻擊幼小的孩子，但若是被想保護孩子的野牛用角一頭頂起，運氣不好就會被角刺穿身體而丟了性命。

雖然草食動物的生命不斷受到獅子的威脅而非常辛苦，但沒有捕食到其他動物來吃就會餓死的肉食動物也非常辛苦。對於獅子來說，狩獵也是在拚命。

狩獵不斷失敗、沒有獵物的話，獅子就要挨餓了。最一開始會被犧牲而死去的，是年紀尚幼的小獅子。

斑馬等草食動物一次生產只會產下一頭孩子，但是獅子一胎就會產下兩到三個孩子。會生下比較多孩子，就表示獅子的小孩存活率比較低。

就算公獅子拚死保護，也還是會有母獅子因為被斑馬的後腳踢中而受傷。受傷或者生病而無法動彈的獅子，已經無法再去獵捕食物，也會越來越衰弱。因此牠們只能忍耐著受傷、疾病以及飢餓，等待死亡的降臨。

公獅子也是一樣。

強悍的公獅會君臨群體成為領袖，但是沒有力量的公獅子，就會被族群趕出來，這就是獅子世界的規則。

成為王者的領袖也不是永久的。一旦顯露出年老力衰的樣子，馬上就會被年輕的公獅子奪走群體，自己也會被趕走。而令人感到悲傷的就是……繼承原先獅王血緣的孩童獅子們，會被新的王殺死，要保住王的血脈實在不容易。

被趕出來的王又是如何呢？

母獅子會採取集團方式獵捕斑馬，就表示狩獵真的非常困難。

就算是被稱為百獸之王、身強力壯的公獅子，也無法輕易自己進行狩獵。能辦到的大概就是到處尋找鬣狗吃剩的死肉，被趕出群體而離開的公獅子無法吃到令牠飽足的食物，最終也會因飢餓而動彈不得。

自然界的規則是弱肉強食，那是個不是吃就是被吃的世界。

失去氣力的獅子，就只是個被吃的存在。

鬣狗、胡狼、禿鷹們會靜待獅子耗盡氣力。

據說動物園裡的獅子大概可以活三十年左右，但在野生的情況下根本活不過十年。

就算是身為百獸之王的獅子，也無法安穩死去。當獅子失去了身為王者的強悍之時，對牠來說就是「死亡」。

而這些獅子也會被啃食、死去。這就是大自然的規範。

25 懵懂短暫的一生，就是在那出貨前的四、五十天

一雞

平安夜，全世界都是一片聖誕節氣氛。

那妝點著幸福餐桌的美味饗宴，正是在烤箱中烘到金黃酥脆的烤雞。

對於雞隻來說，這根本就是個大凶之日。為了這天夜晚，究竟有多少雞隻因此丟了性命，在烤箱中被送入火葬場。

雞在我們的生活當中，是非常貼近我們而容易取得的食材之一。

一般雞肉的價格，大約是一百公克幾十元左右，很便宜，這就是雞命的價格。

據說目前全世界養殖了大約兩百億隻雞，全世界的人口大約是七十五億，因此計算得知，養殖雞隻的數量是人類的二點五倍以上。

活著就被斬首而死。

那就是牠們的死亡方式。

雞肉通常是被貼上「嫩雞」標籤售出。所謂嫩雞，是指出生之後剛過一個月的雞肉。人類為了吃雞肉，因此改良出一種叫做肉雞的品種，在出生後四、五十天就會出貨，這就是嫩雞。

人類是經濟動物。畢竟能夠在這麼短的時間內就出貨，對於人類來說，實在是一種經濟效率高、令人感恩的糧食。

話雖如此，雞的一生實在非常短。

從蛋中孵出來過了幾天的小雞就會被放進雞舍當中。他們在這個世界誕生以後，就居住在一種沒有窗戶的無窗雞舍當中。

沒有窗戶的雞舍，也不會有光線從外面射入，裡面是一片黑暗。由於如此昏暗，雞隻們就不會運動，而能夠有效率的長大。

在黑暗的雞舍當中，只有飼料附近點著微弱的燈光。

從外面走進雞舍四下張望，剛開始也會因為眼睛無法習慣而看不見任何東西。不過眼睛逐漸習慣以後，就會看到那微微燈光當中，浮現出一些白白的東西。

那白白的正是雞，放眼望去雞舍當中被雞隻給淹沒，而雞隻們完全不會到處走動，就只是呆立在黑暗當中。

占據雞舍內部的雞隻密度，據說一般大約是一平方公尺有十七隻左右，因此一間雞舍當中就住了幾萬隻雞。而這數量與地方性小鄉鎮人口相當的雞隻，都在這麼一間小小的雞舍當中。

雞隻們並不會有任何動作，牠們也不會鼓噪。

在這間雞舍當中，牠們所能夠做的，就是不斷吃著營養價值非常高的飼料、一直胖下去。

每天都是這樣過的，直到某天早上……

忽然，雞舍的大門打開了。

該出貨了。

雞隻們接二連三被抓住、塞進了狹窄的籠子當中。

有一些會使出從未用過的吃奶之力試圖拍動翅膀，有一些則發出了這輩子第一次喊出的尖叫。

然後雞隻們……出生以來首次見到，如此炫目的陽光。

這就是雞隻們出生在這個世界上，僅僅四、五十天內發生的事情。

身為家禽的雞隻，原種是棲息於東南亞森林地帶、一種名為野雞的野鳥。人類將森林中會從這樹飛到那樹的鳥類改良之後，打造出不會飛的家雞。

一般認為野雞的壽命大約是十到二十年。

沒有人知道出生之後四、五十天就會被殺死的肉雞，正確壽命究竟是多少。但是，可以想見就算是改良後的肉雞，壽命應該也有個五年到十年左右吧。

但是對於肉雞們來說，壽命什麼的根本不重要，畢竟這些鳥類的命運就是只能活四、五十天就會被殺死。

肉雞不斷被改良，越來越能夠高效率成長。肉雞要增加一公斤體重，需要的飼料量大約只有兩公斤多一些，實在令人非常驚訝。牠們用來生存所需耗費的能量，竟然只要一公斤。吃下的飼料有一半都沒有消耗，直接變成了肉。

由於技術如此發達，肉雞在出貨前的時間也越來越短縮，因此肉雞的生命能夠停留在世上的時間，也就越來越短了。

活生生被塞進籠子裡的雞隻們，據說有很多會在運送途中就在籠裡被壓死。就算好不容易撐過痛苦忍耐下來，到頭來也無法見到光明，畢竟牠們的目的地，就是食用雞隻處理廠。

從籠子裡出來、好不容易能好好呼吸，卻馬上就被送上運輸帶，依序送入機械當中，食用雞隻處理廠現在已經是全自動化的工廠了。就算人類雙手一攤什麼都不做，在機械的盡頭也會有處理完畢的良好肉塊整齊出現。在這間工廠當中，雞隻們的性命接二連三被奪走。

活著就被斬首而死。

那就是牠們的死亡方式。

由於活著斬首令人感覺可憐，因此最近也推薦其他方法，比如將牠們倒吊在通電的水槽當中，使牠們氣絕身亡以後再處理。

即使是成為盤中飧的動物們，也逐漸被認同，在牠們死亡的瞬間以前，都有活得好的權利。

我們不吃東西就無法活下去。

在神聖的夜晚，幸福的餐桌上有雞肉。

在那背後、以及今天，都有許多雞隻被奪去性命。

26 為人類犧牲，在實驗室中出生，在實驗室中死去

━鼠

古時候的人們，相信「人類死亡以後會轉生為動物」。

這就是所謂的輪迴轉世。

但是，法國的哲學家笛卡兒認為不應該受到那種古老思想束縛，因此提出人類有靈魂，但相對的動物並沒有心靈，只不過是機械，提倡所謂的「動物機械論」。他同時主張擁有心靈的人類，可以將動物當成機械一般使用，並且就像分解機械那樣，在沒有麻醉的情況下解剖狗兒。

另外，哲學家康德也提倡「動物沒有自主意識，只不過是為了人類

而存在的」。

比較古老一點的，是在《舊約聖經》當中記載著上帝告訴人類：「去支配所有的生物」。再加上這些哲學者看似合理的說明以後，人們便隨心所欲地利用動物，終究走上了使用活生生動物進行實驗一途，之後醫學及科學便有著顯著發展。

牠們不曾見過所謂的太陽。

牠們在實驗室中出生，在實驗室中死去。

牠們，就是實驗用的老鼠。

英文中的 micky mouse（米老鼠）非常有名，因此大家都知道在英文當中是把老鼠稱為 mouse。但是在日本，會用漢字及平假名發音「nezumi」來表示老鼠，卻用片假名標示「mausu」來稱呼為了實驗用而培育出來的老鼠，以示區別。

實驗用的老鼠是小家鼠。

小家鼠在日文當中被稱為「二十日鼠」。二十日究竟是怎麼來的並不明確，有一說是因為懷孕期間是二十天，也就是牠們的懷孕期間非常短。小家鼠在一年之內會懷孕五到十次左右，一次就會產下五到六隻小老鼠。生下來的孩子在幾個月內就會成熟，並開始懷孕，這樣牠們就能夠一直增加。確實如同「鼠算」的題目一樣（鼠算是日本數學非常有名的算術題目，出自〈塵劫記〉。內容是有一對老鼠在正月生下了12個子女，這樣共有14隻老鼠。每個子老鼠二月時再生下12個子女，共有98隻老鼠。這樣、每個月父母及其子女、孫、曾孫都生下12隻老鼠，則十二個月後共有276億8257萬4402隻老鼠）。

據說小家鼠在良好的飼養條件下可以存活兩年左右，不過野生的情況只能活大概幾個月。再怎麼說，老鼠在自然界中的天敵實在太多了，蛇、貓頭鷹、鼬等，有許多種類的生物會捕食老鼠，因此牠們才進化成不管被吃了多少，都還能不斷繁殖下去。

這種會不斷出生、一下子就成長完畢死亡的性質，正適合用來作為實驗動物。

被使用在人類進行的各種實驗當中，就是牠們的工作。有些會被餵藥，有些會被施以電擊，有些則是身體裡被埋了電極。有些會被塞進令牠們難以活動的籠子當中，有時還會被固定成動彈不得的樣子，甚至有些活著就被解剖。

當然，如果是為了確認安全性的實驗，就會被用來測試那些不知道究竟是否安全的東西。有些老鼠會因為副作用造成身體各處腫脹、有些則因為毒性導致全身的毛都掉落、痛苦呻吟。

在確認危險性的實驗當中，必須要明確訂出致死量。如果沒有死，就再多給一些藥，如果還是不會死，那麼就會進行別的處理，而牠們痛苦死去的樣子也會被記錄下來。

牠們是實驗動物。

死亡就是牠們的工作。

實驗動物並非寵物。

處理實驗動物的時候，所有感情都會變成障礙，如果覺得「好可憐」就無法完成實驗，人類被要求必須消除所有感情，去面對實驗動物。

・

也許就像笛卡兒或康德主張的那樣，動物很可能是沒有心的，說不定根本沒有任何感情。

但是想想人類既然是哺乳類的一員，並且進化到現在的狀態，那麼大腦打造出來的心靈及感情，就不會是只有人類特別獲得的東西，其他哺乳類應該也會發展出很類似的心靈或感情才對。

或者，動物們的思考及行動都是依據本能而來，而我們人類所懷抱的各式各樣感情，其實也不過是一種本能罷了。

沒有人知道真相是什麼。

對於我們人類來說，生命真是充滿了各種謎團。

為了要解開生命之謎，就得要犧牲生命。

有了實驗動物們的犧牲，人類就能更進一步接近生命的謎題。也是托了牠們的福，才能開發出新藥，讓人類能夠越來越長生。

27 為人類所需要的野狼子孫，如今離不開人類

━狗

狗兒原先是野狼的夥伴，在經過人類馴養之後才有現在的樣貌。

但是，狼是肉食性的猛獸，為何狼會成為人類的夥伴呢？

狼會成群結黨行動。身為領導者或者階級較高的強壯野狼，會為了保護群體以及家族而非常具攻擊性。但是群體中階級較低的狼，則會順從領導者而非常溫順，那些溫順的狼，就是現在寵物犬的祖先。

狗和人類住在一起，據說比人類開始飼養山羊、綿羊等草食動物還

要早了非常、非常久。畜牧的起源不過是一萬年前左右，但目前推測狗卻是在一萬五千年以前的舊石器時代，就已經和人類住在一起。

話雖如此，「人類馴養狼隻」這個狗的起源，仍充滿謎團。

原本對人類來說，狼這類肉食性野獸應該是必須感到恐懼的外敵。說到底，怎麼會去馴養如此可怕的肉食性動物呢？

而且養狗就表示，必須把有限的糧食分出一部分給狗才行。在狩獵採集的時代，人類與狼是屬於互相競爭搶食物的對象，如果是飼養能夠作為糧食的動物，那麼還比較容易理解，但人類實在沒有養狗的理由。

還有其他謎團。就算沒有狗，人類也能夠打獵。因此人類並沒有非養狗不可的理由。

在最近的研究當中，認為可能並不是人類需要狗，也許一開始是狗前來倚賴在人類身邊。被認為是狗兒祖先的溫順狼隻，在群體中的地位甚低，因此得到的食物並不充分；但牠們也不具備單獨狩獵的能力。因此牠們可能試著接近人類，看看能不能找到一些吃剩的東西。

對於人類來說，狗可以追捕狩獵的動物，可以為人類警戒外敵看守外頭，在提高狩獵效率方面也有很大的幫助。

就這樣，人類和狗開始以夥伴身分一起生活。

就這樣過了一萬多年。

現在是個寵物風潮的時代。

狗兒不會再去獵捕動物了，也很少發揮看門犬功效吠叫，大多數狗兒都是作為寵物犬，最主要的工作就是給人類疼愛。

在日本有非常多的寵物，甚至有人說狗和貓的數量比小孩子還要多，想來狗從未經歷過如此繁榮的時代吧？這兒真是寵物的天堂。

在寵物店裡有價格上比較平實、容易購買的可愛幼犬，每天都有人像是挑玩具一樣來買狗，每天都有大量的狗兒被賣掉。

身為寵物犬的狗兒，需要的條件就是「可愛」。

如果不趁著出生後沒多久就把幼犬賣掉，那麼就很容易賣不出去。

對那些賣不掉的狗來說，等待牠們的命運就是屠殺處分。

而幸運被買走的狗兒們，長大以後就會漸漸失去牠們剛被買下時的可愛感，於是有些……就像是玩具一樣被人類感到玩膩了，而不再需要牠們。

這些狗兒就會被轉讓到「動物保護中心」去。雖然說是「保護」「轉讓」，但其實這裡的狗兒並不會全部都受到愛護。再怎麼說，每天可是有大量的狗兒被飼主拋棄，送進了這裡，實在不可能保護那麼多的狗。

之後狗兒就會被用二氧化碳安樂死。說是安樂死，但其實就是把牠們塞進狹小的房間裡，奪走牠們的氧氣使牠們窒息而死。

在日本，每年屠殺處分掉的貓和狗合計有五萬隻。

被人類選擇成為夥伴的狗，現在沒有人類已經活不下去，而這也是被人類選擇成為夥伴的動物，目前的境遇。

28 從前被人類當神明敬畏的野獸，今日無人知曉

—日本狼

在英國倫敦的大英博物館裡，保有一隻日本狼的毛皮與骨骼標本。

這隻日本狼是在西元一九〇五年時在奈良縣山中捕獲的。

以英國調查團身分來訪日本的美國動物學家邁爾康·安德森滯留於奈良縣的東吉野村時，有獵人帶來了年輕的公日本狼屍體。

這隻日本狼是由於誤踏獵人的陷阱而遭到撲殺。

這頭被帶到安德森眼前的日本狼，就是日本國內有關日本狼最後的紀錄。

邁爾康・安德森以當時的日幣八元五十錢向獵人買下這頭日本狼的屍體。不過這頭日本狼已經死了幾天，屍身已經開始腐敗，因此只有皮毛與骨骼被送到英國去，這就是現在大英博物保存的標本。

日本狼在江戶時代到明治初期時，生存在北海道地區以外的日本全國各地，北海道有一種與日本狼屬於不同亞種的蝦夷狼。

蝦夷狼的最後一筆紀錄，則比日本狼還要早，是在西元一八九六年。這一年有個函館的毛皮商人經手了蝦夷狼的毛皮，這就是蝦夷狼最後的紀錄。

現在不管是日本狼還是蝦夷狼，都已經滅絕了。滅絕的生物，無法重現於世上，牠們就此永遠消失。

在日文當中，狼的發音可以寫作漢字的「大神」，這是由於牠們從前就是被當成神明，是受到人類尊崇的對象。

在過去的日本，狼並不太會襲擊人類，因此人類不認為牠們是非常可怕的動物，反而認為牠們會幫忙擊退那些弄亂田地的鹿、野豬等，是幫了大忙的動物。

實際上，在山地之間也會有祭祀狼隻的神社，牠們的的確確就是神明。

但是這些狼的地位，到了明治時代卻一落千丈。

在畜牧業興盛的西洋，認為會襲擊羊隻的狼是有害的野獸，就像是小紅帽或是七隻小羊等童話當中描寫的那樣。

認為狼是壞蛋的想法，也因為文化改革而隨著西洋文明來到日本。實際上此時日本也開始有了畜牧業，因此狼的確也可能有襲擊家畜的行為。

當然，不可能因為這樣，就將原先是神明的狼直接當成壞蛋。

進入明治時代以後，狼變得會襲擊人類、為害人類了，這究竟是為什麼呢？

江戶時代中期，透過長崎與西洋交流文物的同時，狂犬病也被帶入日本。因此到了明治時期，有一陣沒一陣地流行起狂犬病，這種疾病同時也在野生的狼群之間蔓延。

罹患了狂犬病的狗會變得非常兇暴，還會咬人，當然狼也會這樣。被罹患狂犬病的狼咬了的人，也會感染狂犬病，束手無策地死去。畢竟就算是醫療進步的現代，如果沒有在被咬之後、發病之前就立即接種疫苗的話，致死率仍然接近百分之一百。面對被野狼咬的人類接二連三死去的現實，當時的人們應該籠罩在恐懼當中。

因此人類開始憎恨起野狼，全國都拚命要驅逐野狼。

話說回來，狼隻減少的速度實在是太快了，因此很快就走上滅絕的道路。在明治二十年都還能在各地目擊到日本狼，但牠們到了明治三十年就幾乎消失。

其實從西洋帶到日本的，還有另一個東西，就是名為犬瘟的傳染病。對於這種從外國帶進來的全新疾病，日本狼並沒有免疫能力，因此很可能是在傳染病蔓延下，日本狼就此接二連三失去蹤影。

當然，留下紀錄的最後一匹日本狼，並不一定就是最後一頭狼。

踩到陷阱而被撲殺的是年輕的狼隻，由於狼是屬於群體生活的動物，因此這隻狼很可能有同伴，牠的同伴們後來怎麼了呢？

縱然數量迅速減少，狼群一定還是拚了命地要活下去，但是牠們終究無法找到順利活下去的方法。

到頭來最後一頭狼仍然倒下了，日本狼的身影就此從這個世界上消失了。

真正的最後一頭日本狼究竟是在哪裡、如何死去的，這些人類當然不可能知道。從前身為這個國家神明的最後一頭日本狼，就這樣在無人知曉的情況下，再也不見其身影。

29
牠們和人類一樣有同理心嗎？也會悼念死亡嗎？

象

有個傳說叫做「大象墳場」。

據說大象在感到死期將近時，會獨自離開群體，前往一個被稱為「大象墳場」的地方。牠們會躺在那到處四散著大象骨骼及象牙之處，靜靜迎接死亡到來。

傳說大象絕對不會讓其他大象見到自己最後一面。

當然這其實是錯誤的。

大象是地球上最大的動物。大象當中最大型的非洲象，其身長超過了七公尺、體重超過六十噸。正是由於牠們體型如此巨大，但在熱帶莽原幾乎不曾有人看見過大象的屍體，因此才會有這樣的傳說。另外，據說也可能是那些盜獵象牙的獵人，也為了要大量賣出象牙，所以才會巧妙利用這個傳說。

沒有人發現大象的屍體，當然是有原因的。

大象的壽命據說大約有七十年，在動物當中算是相當長壽的，因此，大象死去這件事情本身就比較稀奇。

而且在熱帶莽原那片乾燥大地上，大多數生物一直都是空腹狀態。如果有大象屍體，一開始是鬣狗們會咬破牠的厚皮，想辦法吃牠的肉。接下來禿鷹也會聚集在那被挖開的大洞附近，將肉撕下來吃掉。這樣一來，大象的巨大身體也不用多久就只剩骨骸了。之後骨骼風化、一切都回歸大地。因此，人類沒見過大象的屍體。

不過，研究越來越進步的現代，還是會發現大象屍體。

大象墳場不過是傳說罷了。

隨著大象研究有所進展，目前認為大象很可能對於死亡是有所認知的，因為能夠看見牠們似乎有哀悼死去同伴的行為。

舉例來說，牠們會想要扶起死去大象的身體，或者想要給牠食物。另外，就像是要埋葬夥伴一樣，牠們會將土壤及樹葉等東西蓋在屍體上，這些都是人類觀察到的大象行為。

大象真的明白何謂死亡嗎？

據說大象是頭腦非常好，具有強烈同理心的動物。

母象和孩子們會群聚在一起，目前已知牠們會進行複雜的溝通，在群體當中互相協助生活。如果受傷了、或者遇到麻煩，就會互相幫忙處理、互相安慰，還會吵架之後又復合。

牠們這樣看起來簡直和人類沒有兩樣，聽說大象是頭腦很好的動物，看起來也的確是。

大象是否具備知性呢？牠們會有同理心嗎？

這些我們並不明白。

只有人類是具有特別情感的動物嗎？

又或者只是我們人類擅自以擬人化的方式看待牠們，所以才覺得牠們看起來具備情感呢？

關於「死亡」又是如何呢？

大象真的能夠理解「死亡」嗎？

說不定只是人類自私的認為牠們「看起來很悲傷」罷了。

也許牠們只是在照顧動彈不得的夥伴，或許只是覺得夥伴都不動很奇怪，又或者根本是毫無意義的本能行為而已。

但是……我不禁思考著。

那麼，我們人類又能夠理解「死亡」嗎？

死究竟是什麼呢？

人類死了以後會如何呢？

沒有人知道將會如何。「死亡」對於我們人類來說，也是非常不可思議的事情。

據說大象是會哀悼死亡的動物。

說不定大象牠們，對於死這件事情，了解的遠比我們人類還多。牠們可能也更加明白，生存這件事情的意義，很可能也因此比我們還要深刻悼念死亡。

從大象的目光來看，人類也是會哀悼死亡的動物。

但是在「死亡」的面前，人類是多麼無力。

我們自負於身為萬物之靈，生活在科學技術萬能的時代，面臨死亡時能做的事情仍然有限。面對所愛之人失去氣息，永遠不會再動起來的現實，我們人類所能夠做的事情，也只有無止盡的悲傷罷了。

國家圖書館出版品預行編目資料

全世界最感人的生物學：用力的活，燦爛的死／稻垣榮洋 著；黃詩婷 譯.
-- 初版. -- 臺北市：圓神出版社有限公司，2021.02
224 面；14.8×20.8公分
ISBN 978-986-133-740-1（平裝）

1.動物生態學 2.通俗作品

383.5 109020358

Eurasian Publishing Group
圓神出版事業機構
用心與你對話・視野無限寬廣
圓神出版社
Eurasian Press

www.booklife.com.tw reader@mail.eurasian.com.tw

圓神文叢 289

全世界最感人的生物學：用力的活，燦爛的死

作　　者／稻垣榮洋
譯　　者／黃詩婷
插　　圖／わたなべろみ
發 行 人／簡志忠
出 版 者／圓神出版社有限公司
地　　址／臺北市南京東路四段50號6樓之1
電　　話／（02）2579-6600・2579-8800・2570-3939
傳　　真／（02）2579-0338・2577-3220・2570-3636
總 編 輯／陳秋月
主　　編／賴真真
責任編輯／林振宏
校　　對／林振宏・歐玟秀
美術編輯／蔡惠如
行銷企畫／陳禹伶
印務統籌／劉鳳剛・高榮祥
監　　印／高榮祥
排　　版／陳采淇
經 銷 商／叩應股份有限公司
郵撥帳號／18707239
法律顧問／圓神出版事業機構法律顧問　蕭雄淋律師
印　　刷／祥峰印刷廠
2021年2月 初版
2023年9月　3刷

IKIMONO NO SHINIZAMA by Hidehiro Inagaki

定價 290 元　ISBN 978-986-133-740-1